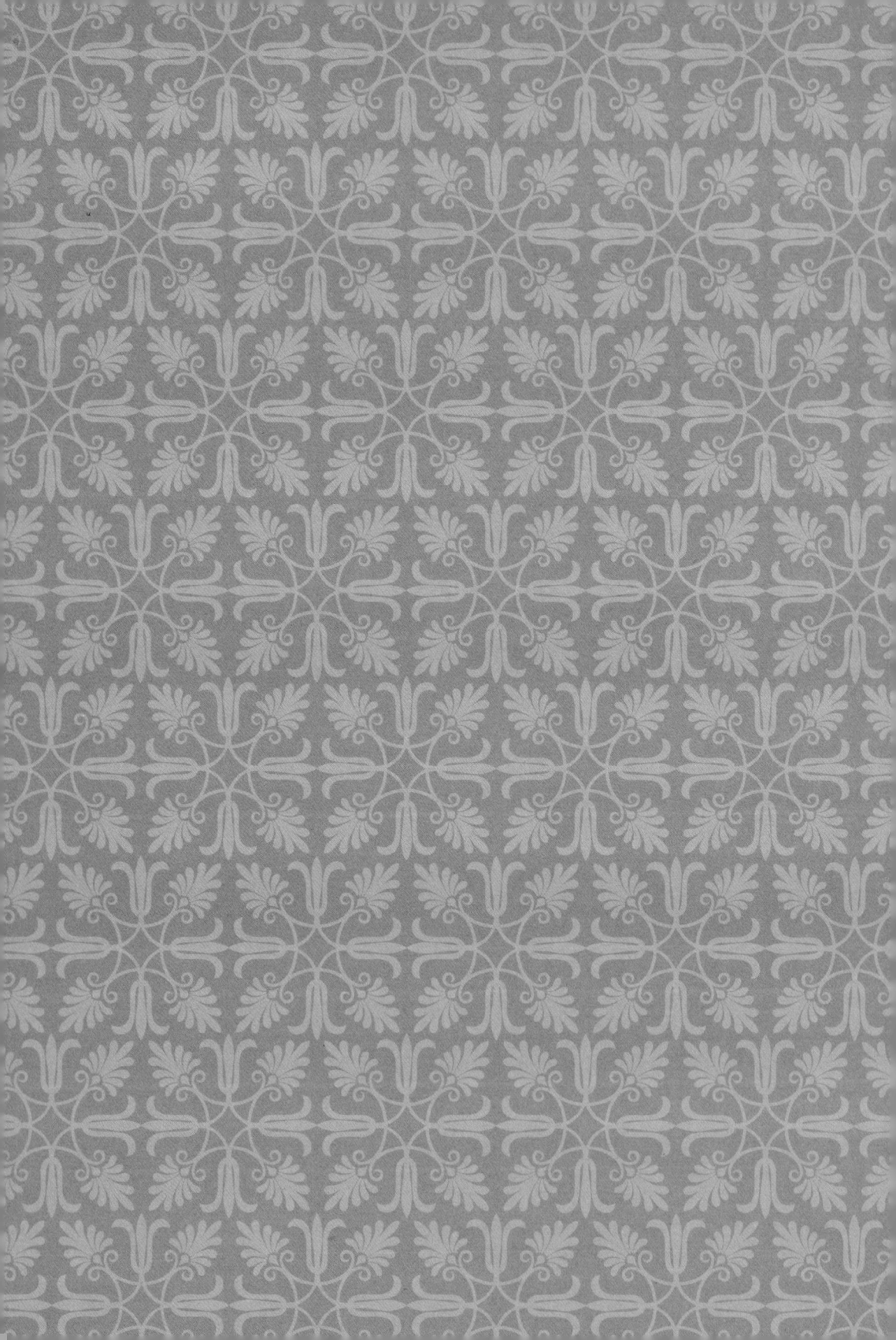

内 容 提 要

食物是身体的最大营养来源。食物的种类和来源都非常广泛,美味的食物固然很多,但并不是什么样的食物都能吃的,比如隔夜的蔬菜,有些食物也不能多吃,或者在吃的时候要特别注意一些事项,比如辣椒、木薯、臭豆腐、杏仁、鸡蛋、樱桃、某些青菜等等……珍爱生命,远离危险食物!

图书在版编目(CIP)数据

危险就在我们的嘴边/黄委委编著. — 北京:金盾出版社,2013.9
(科学原来如此)
ISBN 978-7-5082-8474-3

Ⅰ.①危…　Ⅱ.①黄…　Ⅲ.①食品安全—少儿读物　Ⅳ.①
TS201.6-49

中国版本图书馆 CIP 数据核字(2013)第 129538 号

金盾出版社出版、总发行
北京太平路 5 号(地铁万寿路站往南)
邮政编码:100036　电话:68214039　83219215
传真:68276683　网址:www.jdcbs.cn
三河市同力印刷装订厂印刷、装订
各地新华书店经销
开本:690×960　1/16　印张:10　字数:200 千字
2013 年 9 月第 1 版第 1 次印刷
印数:1~8 000 册　定价:29.80 元
(凡购买金盾出版社的图书,如有缺页、
倒页、脱页者,本社发行部负责调换)

前言

　　中国有句俗话叫做："民以食为天"。饮食是维持人体生命的必需物质。人类的生存离不开食物，我们每天的工作、生活、运动需要消耗很多的能量，而这些能量的补充都来自于一日三餐。各种各样的蔬菜、水果以及肉类成为我们最坚强的后盾，我们只有吃饱了，才有精力去做任何事情。

　　食物能够补充我们身体所需的能量，这能量不单单是指我们身体里的细胞所需要的蛋白质、脂肪、碳水化合物、维生素、矿物质、微量元素、水等七大基本营养素，还有很多植物化学物质。这些化学物质也是保护我们身体细胞健康，延缓衰老的重要组成部分，它们普遍存在于各种谷类、豆类、蔬菜与水果等植物中。比如，苹果多酚、番茄红素、大蒜素、玉米黄酮等。

　　随着社会的发展，人们的追求越来越不局限于温饱问题的解决，而更倾向于追求美味、健康，食物不仅要吃得饱，还要吃得健康，这成为现代社会的一种时尚。可以说，没有哪个人不希望自己健康长寿，拥有高质量的生活。的确，拥有健康，才能拥有一切，如果健康得不到保证，一切都没有动力。于是，人们关注自己的身体，想尽办法让自己吃得营养，吃得健康。

但是危险总是防不胜防，一不小心就很可能"病从口入"。

健康饮食的前提是，对食物有一些基本的了解，包括食物的营养价值、营养元素构成、存在哪些有害物质、食用的时候注意哪些事项、该食物与哪种食物相克、哪些人不适合吃哪些食物等等。就比如夏天的时候，我们喜欢吃西瓜，但一定要知道，西瓜属于寒性水果，不能吃太多，尤其是肾功能不好的人，如果吃太多西瓜，身子就会出现水肿的情况，严重者还会诱发急性心力衰竭，生命会就受到威胁。所以不能小看这些食物，食用的时候，一定要谨慎，认真对待。

人们能够选择的食物多种多样，各种食物的营养成分也不尽相同，我们不可能凭着一种食物就能够满足身子所需的全部营养素，因此，我们要改变单一的饮食习惯，一日三餐必须由多种食物组成，而且要合理搭配，还要讲究荤素得当。

有规律的生活方式，合理的饮食习惯，是我们身心健康的强有力保证。因此可以说，珍惜生命，热爱生活，就要从健康饮食开始！

目录

CONTENTS目录

CONTENTS

目录

臭臭的臭豆腐不能多吃哦

◎ 小明每次放学都会在学校门口的摊点买一份臭豆腐，吃完才回家。

◎ 这天放学回家，小明又买了臭豆腐。小胖劝他不要吃太多，但小明压根就没往心里去。

◎ 吃完臭豆腐后小明就不吃晚饭了。

◎ 为此，妈妈把小明批评了一顿，因为吃太多臭豆腐也会生病的！

臭豆腐为什么那么受欢迎？

臭豆腐是一种民间休闲小吃，有着悠久的历史和丰富文化底蕴，距今已有数百年历史，它最风光的时代可追溯到清宣统年间。当时慈禧太后就很喜欢吃绍兴臭豆腐，她不仅将臭豆腐列为御膳小菜，还赐了"青方"的名号。

臭豆腐，最大的特点是十里飘臭，但它独特的口味又深受大众喜爱。我国很多地方都可以看到卖臭豆腐的，稍微留意一下，兴许在你的校门口就有一两个摊点，路过的人可能会捏着鼻子，屏住呼吸走过，但吃的人却一脸幸福，你没吃过的话，是体会不到那种美味的。

因地域和饮食习惯的差异，不同地方的臭豆腐的制作方法和食用方式都存在着差别，但是不管如何不同，有一点必定是一样的，那就是臭豆腐闻起来真的很臭，吃起来却很香。

臭豆腐除了好吃之外，还有很高的营养价值。我们知道，臭豆腐的原料是豆腐干，是营养价值很高的豆制品，其中蛋白质的含量高达15%～20%。这类发酵食品经过微生物作用后，产生各种特殊香味的有机酸、醇、脂、氨基酸等易于消化吸收、增进食欲的营养物质，同时还能增加维生素 B_{12} 的含量，促进人体造血。此外，臭豆腐乳其饱和脂肪含量很低，又不含胆固醇，具有很好的保健作用，因此被称为中国的"素奶酪"，它的营养价值甚至比奶酪还高。

爱迪生为小孩子讲科学故事

"不吃臭豆腐枉去长沙"，长沙的臭豆腐是出了名的，被称为"臭干子"的臭豆腐不仅受到当地百姓的喜爱，还吸引了无数的游客，并逐渐发展成为一种饮食文化，武汉街头的臭豆腐多以"长沙臭豆腐"为招牌，可见臭豆腐受欢迎的程度了。除了长沙之外，南京、绍兴等城市的臭豆腐也非常有名。

说到这里，你是否想立马吃上几块臭豆腐呢？

臭豆腐居然是隐形杀手

臭豆腐好吃又营养，但臭豆腐属于发酵豆制品，它在发酵过程中，极易被微生物污染，同时又会产生腐败物质，如甲胺、腐胺、色胺等胺类物质以及硫化氢等，这些都是蛋白质分解的腐败物质，对人体有害。因此，虽是美食，但不能多吃，如果过量食用，将会引起食物中毒，轻者会引发人体胃肠道疾病，重者还会导致肉毒杆菌大量繁殖，产生一种有毒物质——肉毒毒素，此外，胺类物质存放时间长了，还可能与亚硝酸盐作用，生成强致癌物亚硝胺。近年来曾报道过的臭豆腐中毒事件，就是由这种毒素引起的。

臭豆腐对人体的危害不容小觑，在你贪嘴的时候，就很可能伤害到身体。所以不管吃什么东西，都一定要注意适量和卫生。

臭豆腐会引起消化不良。豆腐中含有极为丰富的蛋白质，一次食用过多不仅阻碍人体对铁的吸收，而且容易引起蛋白质消化不良，出现腹胀、腹泻等不适症状。

臭豆腐使人缺碘。制作豆腐的大豆含有一种叫皂角苷的物质，它不仅能预防动脉粥样硬化，而且还能促进人体内碘的排泄。时间一长，体内的碘过量流失，来不及补充的话，就会引起碘缺乏，身体营养失衡之后，各种疾病就会随之而来。

臭豆腐促使肾功能衰退。豆制品中的蛋氨酸，在酶的作用下转化为

半胱氨酸。半胱氨酸会损伤动脉管壁内皮细胞，易使胆固醇和甘油三酯沉积于动脉壁上，促使动脉硬化形成。

爱美食，但更要爱健康

当今社会，物价上涨很厉害，但是人们的消费水平又跟不上，生活的压力太大，怎么办呢？一些人为了谋生，也有一些人利欲熏心，只图自己的利益，他们采用了非常不科学的手段牟取暴利，完全不顾消费者的利益和健康。就拿臭豆腐来说，这个传统美食在某些地方却成为危害人们健康的黑手！

那些黑心的商人改变了传统的制作方法，采取一些化学添加剂来制作臭豆腐，为了使臭豆腐黑得均匀，他们可能会使用硫酸亚铁，再加上其他的臭味物质，就可以做成"正宗"的臭豆腐，然后以低于市场的价格卖出去，这不仅伤害了消费者的权利，还严重影响消费者的健康。

要知道，硫酸亚铁对人体的肝脏非常不利，加上其臭味会有蛋白质的腐败物——胺类，它可与亚硝酸盐作用生成亚硝胺（强致癌物），对人体的伤害非常大。不经意中，我们就将病毒带到体内。所以，在追求美食的时候，我们也要多多关注自身的健康，不能为了一时的贪嘴，害了自己。

小链接

臭豆腐的故事

清朝康熙年间，安徽有个考生叫做王致和到京城赶考，不幸的是他落榜了，他想返回家乡，但因为路途遥远，交通不便，又没有那么多钱，他回不了家。就想在京城好好复习，准

备来年再考，但距离下一次考试还有好长一段时间，他的钱根本不够用，无奈之下，他只能一边打工，一边复习。

王致和的父亲在家乡开了个豆腐坊，生意还不错，王致和从小耳濡目染，也跟父亲学过做豆腐，备考本来就没多少时间让他去学别的手艺，他就想到了以卖豆腐维生。一不做二不休，他租下了一间房，买了一些简单的用具，开始了卖豆腐的生涯。

他每天早早就起床磨豆腐，然后沿街叫卖，生意好的时候，他能卖完，但也有生意冷清的时候，卖不完的豆腐他只能带回家自己吃。当时是夏天，天气很热，卖剩下的豆腐很快就发霉了，不能吃只好倒掉，王致和看着心疼，但是没有办法，那个时候还没有冰箱呢！不过，王致和不甘心就这样倒掉，他想了很久，终于决定尝试将卖剩的豆腐改良，他将豆腐切成小块，稍加晾晒，然后放在小缸里，用盐腌了起来。后来，他忘记了这件事。

过了很久之后的一天，王致和突然想起那缸腌制的豆腐，他赶忙打开缸盖，一股臭气扑鼻而来，他的第一个念头就是，这么臭，哪里还能吃！但是他并没有马上倒掉，而是取出一些，发现豆腐已呈青灰色，尝了一口，没想到这一试，却尝出了不一样的美味！他盛了小半碗送给邻里品尝，邻居都称赞不已。

从此以后，王致和的生意渐渐就红火起来了，他发明的臭豆腐经过几次改进之后，受到了当地百姓的欢迎，他的生产规模不断扩大，质量更好，名声更高。后来，就传到了宫中，慈禧太后很喜欢吃它，将它列为御膳小菜，还取名"青方"。

臭豆腐从此名扬天下。

师生互动

学生：老师，吃臭豆腐还需要注意些什么呢？

老师：如果要吃臭豆腐，最好购买正规厂家生产的，而且尽量也不要多吃。吃臭豆腐的同时，要多吃新鲜的蔬菜和水果，因为新鲜的蔬菜和水果富含各种维生素，特别是维生素 C，可阻断亚硝胺的生成，这样就可以减轻臭豆腐对我们身体的伤害了。

大力水手吃豆腐么

◎明明家今天大扫除，妈妈累得顾不上
买菜。

◎妈妈将冰箱翻了个遍，除了几个菠菜，
两块豆腐，再无他物。

◎爸爸建议一锅煮，但是妈妈没有这
么做。

◎原来，菠菜和豆腐相克，一起煮容易出
问题。

菠菜豆腐相克吗？

　　菠菜豆腐汤是一道民间的传统家常汤菜，它比较清淡，但很多人都喜欢用来与荤菜搭配，特别是逢年过节时，吃多了肉，难免会觉得腻，这时候菠菜豆腐的清爽就会特别受欢迎。然而现在却有一种说法，那就是菠菜和豆腐不应同时吃。因为菠菜中含有大量的草酸，跟豆腐一起吃的话，会

与豆腐中的钙结合成不溶性的沉淀，进入人体后在体内发生化学变化，生成不溶性的草酸钙，久而久之就患上结石病。菠菜中仅有 10% 的铁在肠道中吸收，另外的 90% 都与草酸结合成不溶物质，不仅难以吸收，人体对铁的吸收也会受到影响，所以不宜将菠菜和豆腐一起吃。

　　然而，还有一种相反的说法，认为菠菜和豆腐能够一起吃。菠菜当中也含有多种促进钙利用、减少钙排泄的因素，包括丰富的钾和镁，还有维生素 k，菠菜中的维生素 k 具有促进骨钙形成的强大功效。菠菜豆腐正好能够补充人体所需的营养，既美味又营养，为什么不能一起吃？

　　我们知道，人体内的钙与酸碱平衡有着密切联系，如果摄入过量的蛋白质类食品，酸碱比例失衡，就会使得人体的钙排泄量增大，影响到机体正常运转。这个时候如果多吃一些蔬菜，如菠菜，就可以充分摄入钾和镁，帮助维持酸碱平衡，减少钙的排泄数量，对骨骼健康非常有益。

　　100 克菠菜中含钾达 311 毫克，含镁 58 毫克，在蔬菜中位居前茅，有了菠菜中丰富的钾和镁，豆腐中的钙就能更好地留在人体当中。所以说，富含钙和蛋白质的豆腐，加上富含钾、镁和维生素 k 的菠菜，正是补钙健骨的绝配。

可见，豆腐和菠菜相克，这并不完全正确呀！

菠菜和豆腐怎么吃更健康？

豆腐是大豆磨制而成的，它具有高营养、高无机盐、低脂肪、低热量的特点，豆腐中含有丰富的蛋白质，有利于增强体质和增加饱腹感，能降低人体血液中铅的浓度。我们应该多吃些豆腐，以促进体内各种营养元素的平衡。菠菜有"蔬菜之王"的美称，它所含的营养元素比其他蔬菜要高出很多，菠菜豆腐可以一起吃，但问题是怎么样食用才能让人体充分吸收营养，避免食物相克引起的人体不适呢？

其实也不难，首先要解决的问题是：菠菜中的草酸怎么办呢？

正确的做法是先将菠菜用开水焯一下，因为草酸极易溶于水，所以要借用这个特点把菠菜在沸水中焯1分钟，就可以除去80%以上的草酸，然后就可以和豆腐一起做来吃了，剩下一点草酸也不足以跟豆腐中的钙结合，所以可以放心食用。

还有一点让我们觉得庆幸，那就是维生素 k 不怕热，也不易溶于水，所以沸水烫过后不会引起它的损失，进入人体后也能够被消化吸收，对人体是有益的。但需要注意的是，维生素 k 和胡萝卜素一样，需要油脂帮助吸收，所以在做菠菜豆腐汤的时候，要多放些油以便吸收。

豆腐还能怎么吃？

怎样知道食物里蛋白质的含量呢？营养专家是这样做的，他们把组成蛋白质的氨基酸的种类、数量与相互间的比例算出来，然后比较数据的大小，数据大的，当然蛋白质的含量就高。

我们知道豆腐的蛋白质含量虽高，但又因为豆腐中的蛋氨酸（人体必需氨基酸之一）含量偏低，所以它的营养价值大为降低。因此，吃豆腐的时候，人们就跟其他食物搭配，比如碎肉豆腐、蛋黄豆腐、麻婆豆腐等等，这样才能互补，扬长避短，不仅美味可口，还极具营养价值。

豆腐虽然含有丰富的钙元素，但如果单单吃豆腐，钙元素很难被人体吸收，只有懂得搭配，才能够解决难吸收的问题。比如将豆腐与含维生素 D 高的食物一起煮，就可以使人体对钙的吸收率提高20多倍，我们常见的就有鱼头烧豆腐，不仅清淡鲜美，而且营养丰富，很多人都喜欢吃呢。

豆腐中还含有多种皂角甙，它能阻止过氧化脂质的产生，抑制脂肪吸收并促进其分解。但是皂角甙多了的时候，体内碘的排泄量加大，时

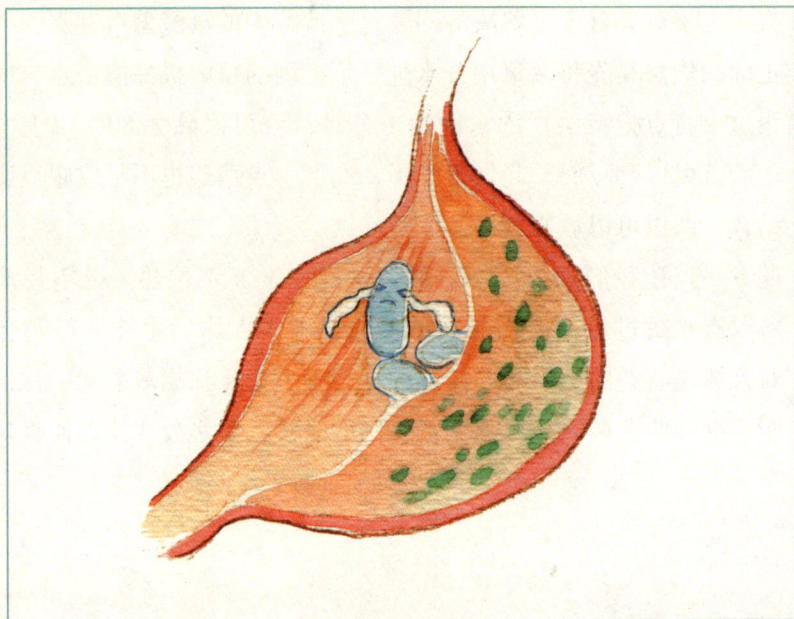

间久了就会造成缺碘，从而引发各种疾病，所以吃豆腐的时候要注意增加碘的摄入量。很多人把海带和豆腐混合起来煮，就是因为海带含碘丰富，将豆腐与海带一起吃，便可两全其美。

小链接

一些相克的事物

　　吃，真是一门很大的学问，吃得好不好，关系到生活幸不幸福。吃讲究方法，也讲究科学，吃能使人健康气色好，还能使人长寿，但是吃也会使人得病，甚至有生命危险。

　　各种美食之间，常常相冲相撞，日常生活中，一些食物美

味可口，但一旦不留意便会吃到相克的食物，造成闹肚子，这种现象很普遍，严重的话还会引起食物中毒，所以我们有必要了解一些常见的相克食物有哪些。

比较常见的说法是：螃蟹不能与柿子同吃，花生不能与黄瓜同吃，大葱不能与蜂蜜同吃，红薯不能与香蕉同吃，绿豆不能与狗肉同吃，松花蛋不能与糖同吃等。

也有的说牛肉和栗子混吃会引起呕吐，狗肉和绿豆会中毒，兔肉和芹菜会使人脱发，红糖和皮蛋致人中毒等等，我们当然不能一一去实验，这样的说法是否正确，但为了自身的健康，在吃这一方面要特别讲究，以免病从口入。

师生互动

学生：老师，豆腐还有一些其他的吃法么？

老师：有啊，豆腐的吃法可多啦，我们可以把豆腐做成庆元豆腐、王太守八宝豆腐、杨中丞豆腐、张恺豆腐、苦瓜炒豆腐、蒋侍郎豆腐、芙蓉豆腐等等，这些吃法既美味，又营养哦！当然了，具体如何做，你就可以回家问妈妈啦！

肚子里会长出苹果树吗

◎ 放学回家后，小明随手从冰箱拿出苹果。

◎ 三两下把苹果吃下肚，连籽都没吐出来，小明满足地擦擦嘴角。

◎ 妈妈看到后对他说："苹果籽不能咽到肚子里面，否则你的肚子里会长出一棵苹果树哦！"

◎ 小明疑问地摸着自己的肚子，呆呆地思考："肚子里面真的会长出苹果树吗？"

苹果籽不能咽进肚子，否则你的肚子里会长出苹果树哦。

什么？肚子长虫？太可怕了。肚子长苹果树，我不是成怪物了嘛，我不要。

苹果籽会在身体中有怎样的历程呢？

苹果应该是大家经常见到的水果之一，我们也经常能够吃到苹果，不像古时候，因为交通不便，很多地方的人是吃不到苹果的。那你知道我们把苹果吃进去后，它会在我们的身体里发生些什么吗？

它先遇到像轧钢机似的上、下尖硬的牙齿，差点儿被压得粉身碎

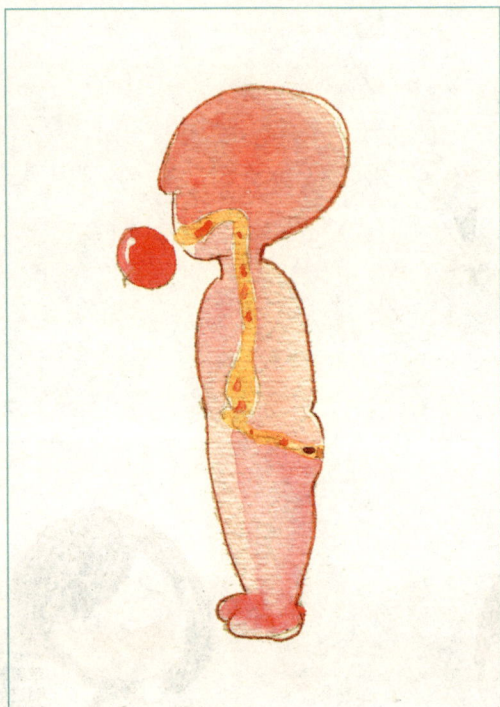

骨；刚躲过一劫，又遇到"胃酸"；后来它钻进了一条又长又窄的小肠，它在这里走了很久，身上的许多物质都神秘地消失了；走出了小肠，它又差点儿钻进盲肠，幸亏及时改变方向；后来不知怎么的，它与一些很臭的东西混在了一起；最后，它们在上厕所时和我们的身体排泄物一起离开了。

　　这看起来比较简单，不就是像过山车一样，哗啦一下就过了么？其实不是这样的，它在我们的肠胃里发生了很多化学反应，那些营养的物质都被人体消化吸收啦！那些没有什么用的东西才会被排出体外的。

从科学的角度该怎么解释呢？

　　妈妈是否曾经告诉过你，不要吃苹果籽，否则你的胃里会长苹果树

呢？妈妈是对的，苹果籽不能吃！不是因为会长苹果树，而是因为苹果籽中含有氰苷这种物质，如果大量食用这种物质，健康就会出问题。苹果籽不是唯一氰化物的水果种子，其他水果如桃，杏，樱桃，覆盆子等水果的种子也都含有氰苷。

在日常生活中，人们不小心吞下水果种子的事情时有发生，为什么没有听说有谁因此中毒了呢？这是因为，只有食用大量的种子，并且反复咀嚼他们，使他们释放出毒素，才可能中毒。一旦咀嚼有毒的苹果籽，很可能会出现头痛、头晕、呕吐、唾液分泌过多等症状。如果食用了足够量的苹果籽，还可能导致严重的呼吸问题甚至死亡。但现实中人们往往是囫囵吞"籽"，不会细嚼慢咽，所以才侥幸逃过一劫。

即便如此，我们仍应当警惕水果种子所带来的潜在危险。尤其对小朋友们来说，少量的苹果籽就可能使他们产生严重的中毒症状。所以，在吃苹果前，切记要剔除苹果籽。

氰苷对人体的危害

氰苷是植物的一类内源性物质，在以这类含有氰苷的植物组织作为人类的食品或家畜的饲料之前，必须进行加工处理、去除这些有毒害作用的氰苷。不然这类食品进入人体后，将产生各种不良反应，甚至造成中毒。

吃杏、桃、李和木薯块根、蚕豆、高粱等常会引起食物中毒，这主要是因为这些食物中含有氰苷。氰苷被机体摄入后，在食物中本身存在的糖苷酶的作用下分解，产生氢氰酸。氰离子即与细胞色素的氧化酶中的铁结合，使其不能传递电子，从而组织呼吸不能正常进行，机体陷于窒息状态。

氢氰酸还可能损害延脑的呼吸中枢和血管运动中枢，后果很严重！

木薯块根是西非国家的主要食品，他们那里流行甲状腺肿，这是一种慢性氰化物中毒。因为木薯块根，特别是没有加工处理的木薯块根中含有大量的亚麻苦苷，分解后产生 HCN，HCN 在体内代谢作用下产生硫氰酸盐，从而引起甲状腺肿。

蚕豆也是一种重要的食物，许多地方都有吃蚕豆习惯，然而，蚕豆特别是利马蚕豆、毒蚕豆中也含有很高的氰苷，人们吃太多的蚕豆，很可能会引起严重的溶血性贫血，称为蚕豆病，这种病在我国也较常见。除了食用中毒以外，吸入由氰苷分解产生的 HCN 等物质，严重的话，也会造成死亡。

小链接

预防氰苷中毒的措施

由于一些果仁中含有氰苷，因此，必须控制这些果仁的食用量，少吃或者不生吃苦杏仁、苦桃仁等果仁。如果想吃杏仁，加工咸菜、罐头、杏仁茶等食品时，必须反复用水浸泡、加热等，减少它们的毒性或失去毒性。

预防家畜 HCN 中毒主要从饲料来源入手，喂养家畜时，木薯、亚麻籽饼等饲料应用水浸泡 1 天，并勤换水，泡好后才能让它们吃，浸泡的水不能饮用；HCN 的沸点比较低，只有 26℃，所以含氰苷饲料还可以通过蒸煮或发酵进行减毒处理，蒸煮过程中可加入适量食醋，加快 HCN 的挥发，这样喂养家畜，就不会有中毒的情况出现啦！

试验结果表明，未加工的亚麻籽中 HCN 的质量分数为 380g/kg，水煮法减少 100%，微波加热后减少了 82%，蒸煮法减少了 27%，溶剂法提取 1、2 和 3 次分别减少了 52%、80% 和 89%，烘烤也能减少 18%。由此可见，烘烤、蒸煮、溶剂提取、微波加热等方法进行处理，也可以预防氰苷中毒。

速冻处理。在低温速冻中，无论是零下 30℃ 还是零下 50℃，对种仁品质都不会产生任何不良影响，低温处理后，种仁中氢氰酸含量最低，这也不失为预防氰苷中毒的一种好方法，但是冰冻后容易冻伤，这也是需要注意的问题。

对于木薯叶、块根的处理，水煮去毒的效果是最好的，它能去除木薯叶和块根中 95% 以上的 HCN，烘干能除去木薯叶 90% 和木薯块 63% 左右的 HCN。而晒干能除去木薯叶 68% 和木薯块 52% 的 HCN，青贮效果最差，只能除去木薯叶和头根 35% 左右的 HCN。

师生互动

学生：老师，苹果那么可爱，还那么好吃，它们原本就生长在我们国家吗？外国的小朋友有苹果吃吗？

老师：苹果最初不是生长在我们国家的，它的原产地在欧洲、中亚、西亚一带，土耳其也有，直到十九世纪的时候，苹果才传入我们国家。所以，外国的小朋友肯定也有苹果吃了。

碗装方便面

◎爸爸带着明明去玩，因为人太多，所以午饭决定用方便面解决，省事又方便。

◎明明好奇地看着碗装的方便面，他第一次吃这种方便面，他很好奇，看着别人吃，他也跃跃欲试。

◎泡好后，明明大快朵颐，真是太爽了！

◎回到家后，明明就吵着让妈妈给他买碗装的方便面。但是妈妈告诉明明，碗装方便面有毒，不能多吃！

为什么选择碗装方便面？

随着生活节奏的不断加快，很多上班族在工作中为了追求工作效率，繁忙时不是忘记吃饭就是买一碗方便面来简单应付，还有许多外出旅行或者工作的人们，为了方便，也总是简单地买一碗方便面解决了事。虽然大家都说泡面吃多了对身体不好，但不得不承认泡面成了人们生活的一部分。

碗装方便面是什么时候兴起的呢？

　　这里头还有一段故事呢。方便面从 1959 年开始研究开发，1962 年开始进入市场，而碗装方便面是 1971 年日清公司研制的。碗装方便面在开始进入市场的时候并不顺利，得不到市场的认可，销量与袋装方便面相比也相差甚远。不得已的情况下，日清公司将碗装方便面低价卖给了日本的警察局，以便其外出执勤的时候食用。不想，这舍本忘利的做法却带来了巨大的商机。

　　1972 年的冬天，日本突发一起重大的刑事案件，这件事引起了全日本民众的关注，全国各大电视台纷纷进行实况转播。在寒风凛冽的破案现场，到处可以看到忙碌的工作人员，为了让人们了解警察破案的进

度，记者们甚至把工作人员进餐的情况也一并转播了，出现在人们面前的警察们都在吃碗装的方便面，这意外进入人们眼球的碗装方便面一下子妇孺皆知。此后，碗装方便面的销售量猛增。

碗装方便面确实给我们带来了很多便利，但是这种方便的背后却潜藏着健康的隐患，这需要引起我们的重视，不能因为贪图便捷，就把我们的健康搭进去了，更不能因为觉得它味道不错，就没有节制地吃。

碗装方便面其实是有害的

碗装方便面确实很方便，在一些特殊的时候适合应急，但不能拿来当成日常生活中的食品。有的人不得已才以方便面为主食，但你会发现，那些经常吃方便面的人，一般都是瘦瘦小小的，身子很单薄，仿佛一阵大风就能把他吹走，那是因为方便面虽然方便，却没什么营养，经常吃不仅使人的营养失衡，还会对人体造成伤害。

碗装方便面的纸质容器外层有一种叫做荧光性的物质，很有可能是用非食品级用纸，甚至有可能是废纸制成的，要知道，废纸中含有的有害物质达到20多种之多！如油墨、铅、苯、汞、增塑剂、双酚A等，这些有害物质很难被控制，进入人体后，这些有害物质就长期累积在人体内，不会从人体中完全排出，会引发细胞发生病变，诱发各种疾病，甚至是癌症。

内层的塑料膜一般含有聚乙烯材质，遇高温塑料里面的低分子物质和添加剂有可能溶于油脂、水或醋中。我们吃的泡面，需要滚烫的开水，温度起码也有90多度，而方便面碗这种材料在65摄氏度以上的高温下，便会产生致癌物质，严重威胁人体健康。

除此之外，碗装方便面的调料中还含有食品添加剂和防腐剂，并且它的维生素和矿物质含量极低，相反钠含量却相当惊人，据统计，一碗方便面的含盐量是每日最高摄入量的2倍，所含谷氨酸钠就有大约1克之多！这些对人体造成的伤害不堪设想！所以，如果可以，尽可能少食用碗装方便面，以免影响到我们的健康。

泡面怎么吃才健康？

方便面不要经常吃，那些本来就有些贫血或者营养失衡的人就更不应该多吃方便面了。但也有一些人喜欢买来方便面，早餐或者忙的时候泡着吃，这也不是不可以，但特别值得注意的是碗装面最好不要买，如果想吃方便面，最好是煮了再吃。

煮泡面的时候，可以根据个人口味适当搭配一些蔬菜或者蛋白质含量丰富的食物，如：卤蛋、豆腐干、黄瓜、西红柿等蔬菜。方便面里面的调料也尽可能少用，换成我们平时炒菜时用的调料就好了。

如果是不得已吃碗装方便面，那就换一次汤，不要直接泡了就吃，这么做只是为了尽可能减少有害物质对我们人体的伤害。

小链接

方便面的后现代吃法

方便面是1958年日籍台湾人安藤百福（原名吴百福）于大阪府池田市发明的，被认为是日本上个世纪最重要的发明。安藤百福最初的想法是要发明出简便、可口、有营养、卫生、廉价而且能够在常温下长期存放的食品，发展到现在，方便面已经成为人们生活的一部分。

既然我们的生活离不开方便面，那么我们就想办法把它做得既营养又好吃！有一种后现代吃法就是炒面，泡面不再用开水泡，而是做成炒面。

我们知道，炒得好的炒面又香又有韧性，方便面呈卷形，炒起来互不沾黏，口感上也能保持很好的韧性，在充分发挥方便面优势的同时，又便于操作，实在是很好的选择。当然，你还可以按你的喜好加上火腿肠、香菇等配料，这样会更美味！

师生互动

学生：看来，方便面是真的不能多吃呢！

老师：是的，日本有本书叫《买不得》，这本书的作者把塑料碗装的方面便叫做"亡国食品"。碗装方便面是方便，但其潜在的隐患不容忽视。所以，即使再忙，我们也不妨找一个短暂的空闲，悉心地照料一下自己的健康，动手为自己做一顿饭，多留意自己的营养和健康，让自己活得更精彩些！

隔夜饭菜能吃么

◎ 奶奶从小就教导明明要勤俭节约，明明也养成了习惯。

◎ 晚饭后，奶奶又把吃剩的饭菜拾掇好，以便次日拿出来吃。

◎ 妈妈就告诉奶奶，有的隔夜饭菜不能吃，应该倒掉，奶奶不听。

◎ 眼看妈妈和奶奶要争执起来了，明明赶紧圆场，他决定对妈妈和奶奶进行一次科普，哪些隔夜饭菜不能吃，怎么吃才健康等等。

什么是隔夜饭菜?

　　有人会说,隔夜饭菜就是隔了一夜的饭菜呀,其实隔夜饭菜不单指隔了一夜的饭菜,现在家家户户都有冰箱了,食物保鲜和储存远比以前好很多,也更长久,这是好事情,同时也存在着健康的隐患。不过,如果仅仅是在冰箱中放一夜的饭菜,还不至于到产生危害到人体物质引起

食品安全事故的程度，但只有充分了解，才能在健康受到危害之前做好准备。

那么，什么才算得上是隔夜饭菜呢？

隔夜饭菜是指经过久置食物可能发生变质，失去其原有的营养价值，并且随着时间增加而增添了一些对人体有害的成分的饭菜，特别是蔬菜，隔夜蔬菜中可能存在有毒的亚硝酸盐，损害人体健康。

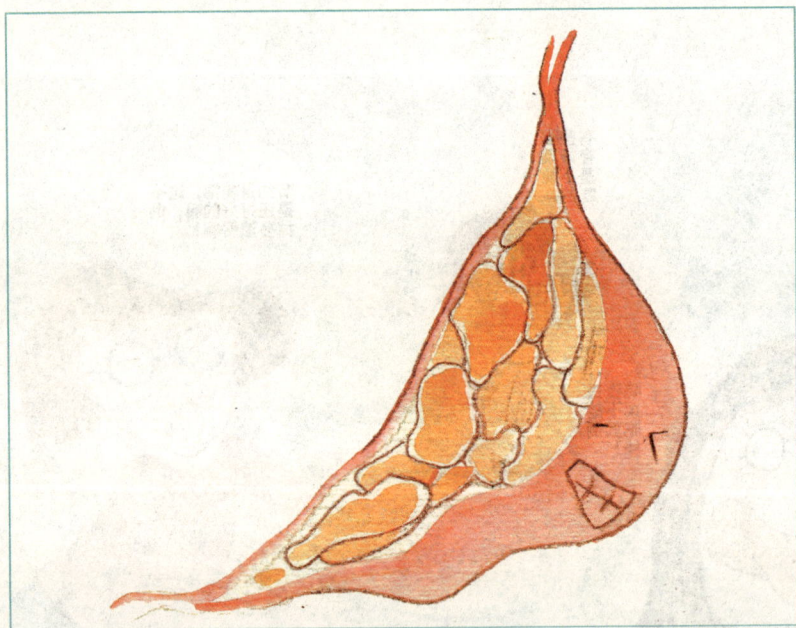

要是你留心的话，你会发现长辈特别是爷爷奶奶，他们的生活非常节俭，好多习惯都跟我们不一样，就比如在家门口看到丢弃的用具啦，瓶瓶罐罐啦，甚至是广告纸都捡回来，他们见不得浪费，这一点值得我们学习。不过，不是什么东西都能留置很久哦！那些吃不完的饭菜，该丢掉的还是要丢掉的，不能什么食物都留着下一次吃，下一次吃不完下下次再吃，这在无形中就给你的身体埋下了隐患，所以，下次见到爷爷奶奶把隔夜饭菜收起来，你一定要记得提醒他们哦！

隔夜饭菜潜在的健康隐患

有人说："隔夜饭菜不卫生，没营养，该扔掉"；还有人说："隔夜饭菜只要不坏照样可以吃"。你赞同哪一种说法呢？

节俭是中国人的传统美德，所以吃剩的饭菜放着，第二天再拿出来

吃是很平常的一件事情，殊不知，隔夜菜不仅营养流失严重，而且还会产生对身体有危害的物质。

与鱼、肉相比，豆制品更容易腐败，它们能繁殖危害人体的病菌，比如恐怖的肉毒梭菌等。之所以说它恐怖，是因为这种菌能够产生世界

上第一毒"肉毒素",其毒性是氧化钾的一万倍。不过,毒素只需要在100度以上的条件下加热几分钟就能被破坏,所以只要在食用前适当加热便可。

剩米饭容易引起食物中毒。很多时候,米饭看上去没有什么异样,也未发馊、变酸,但入口不爽、微有发粘或稍带异味,也必须彻底加热后食用。

吃剩的蔬菜不适合再留着,因为蔬菜中含有较高含量的亚硝酸盐,放着的时候,会发生细菌活动转化成有毒的亚硝酸盐,亚硝酸盐进入胃之后,在具备特定条件后会生成一种称为 NC 的物质,它是诱发胃癌的危险因素之一。此外,亚硝酸盐进入血液后,即使正常的血红蛋白也会氧化成高铁血红蛋白,从而丧失携带氧气的能力,使机体缺氧引起皮肤黏膜发绀、青紫等,严重者可造成死亡。

天气热的时候,隔夜的饭菜很容易受到细菌污染,细菌进入人体后很容易引发胃肠炎,还会造成食物中毒。不过,无需担心,如果仅仅是在冰箱中放了一夜,这种亚硝酸盐还远远到不了引起食品安全事故的程度。但无论如何,蔬菜不宜存放过久,特别提醒的是,凉拌菜更要小心。

隔夜饭菜应该怎么处理?

隔夜饭菜是有存放期限的,一般情况下,隔夜菜在 5 度以下的低温环境可以存放一至两天。但是,存放时间过久的蔬菜,天然存在的硝酸盐会转化为亚硝酸盐,有致癌作用,加热也不能去除。

肉类食物在常温下(25°～30°)很容易变质,时长约为 3～4 个小时。凉拌菜最好是现制现吃。有没有处理隔夜饭菜的小窍门呢?答案是有的。

首先,为缩短在常温下的存放时间,食用后应尽快放入冰箱,以减

慢菜中细菌的生长繁殖速度。

其次，下顿食用前必须经过加热回烧，将食品加热，可杀灭食品中大部分的微生物，但不宜反复加热。

最后，相对于传统的"火烧"，微波炉能在较短时间内破坏微生物内部结构，杀菌效果好。当然，加热灭菌的同时，会使蔬菜类食品中的维生素 C 遭到破坏，损失些营养成分。

小链接

这些食物不能隔夜吃

银耳汤是一种高级营养补品，但是过夜之后，营养成分就会减少并产生有害成分，不能隔夜吃。亚硝酸的反作用使人体中正常的血红蛋白氧化成高铁血红蛋白，丧失携带氧气的能力，造成人体缺乏正常的造血功能。

隔夜茶不能喝。隔夜茶因浸泡时间过久，维生素大多已丧失，且茶汤中的蛋白质、糖类等会成为细菌、霉菌繁殖的养料，对人体健康产生不利影响。

隔夜开水不能多喝。开水放置24小时后，亚硝酸盐含量是刚烧开时的1.3倍，亚硝酸盐在人体内可形成亚硝胺，这种亚硝胺是致癌的。

海鲜不能隔夜吃。鱼、海鲜、绿叶蔬菜、凉拌菜等，隔夜后易产生蛋白质降解物，会损伤肝、肾的功能。

师生互动

学生：老师，我家里经常有剩饭，隔夜之后就必须全部倒掉吗？那样是不是太浪费了点？

老师：有剩饭剩菜是很常见的事情，但剩饭最好不要放太久，早餐午吃，午饭晚吃，尽量把间隔时间缩短在5~6小时以内。吃剩饭前一定要彻底加热，而且要热透才能吃。不要吃热水或菜汤泡的剩饭，不能把剩饭掺在新饭里，以免加热不彻底。不要因为倒掉可惜，就把隔夜饭菜都吃了，不舍得丢弃剩饭剩菜，你很有可能就丢掉了健康。

杜绝剩饭最好的办法，就是做饭的时候就预算好，这样就能每次都吃新鲜饭菜了！

吃我之前要洗干净哦

◎明明喜欢吃哈密瓜，他总喜欢就着瓜就
　啃，发出咔嚓咔嚓的响声。

◎这天妈妈买了个哈密瓜，然后切开，放
　在桌子上，便于明明放学后吃。

◎半夜，明明肚子痛。到医院打完点滴
　后，医生告诉明明，哈密瓜切开后不能
　直接摆放着，常温下会滋生大量细菌，
　明明肚子疼，就是吃了放在桌上的哈
　密瓜。

哈密瓜切开后不能直接摆放着，常温下会滋生大量细菌。你肚子痛就是因为你吃了放在桌子上的哈密瓜。

哈密瓜的由来

　　很多人都喜欢吃哈密瓜，特别是夏天的时候，哈密瓜是人们最喜爱的水果之一。要是在炎热的午后，吃一片冰冻的哈密瓜，那可真是最幸福不过的事情了。不过，你知道哈密瓜的由来吗？

　　哈密瓜本来不叫哈密瓜，而是出自于康熙大帝之口，哈密瓜这个名

字的由来还有一段故事呢！

康熙三十七年（1698 年），清廷派理藩院郎中布尔赛来哈密编旗入籍，哈密一世回王额贝都拉热情款待，拿出当地特产——甜瓜让其品尝，布尔赛对清脆香甜、风味独特的哈密甜瓜大加赞赏，事情办完后，布尔塞无意间提起中原没有见过如此可口的瓜果，连皇上都没吃过，他建议额贝都拉不妨把哈密甜瓜作为贡品向朝廷贡献。

额贝都拉入京朝觐的时候就把甜瓜带来了，并在元旦的朝宴上让康熙大帝和群臣们品尝。众人都是首次看到这样甜如蜜、脆似梨、香味浓郁的"神物"，个个赞不绝口，但是他们都不知"神物"从何而来。康熙问左右，都不知道这瓜叫什么，这时候额贝都拉向前道：这是哈密臣民所贡，特献给皇帝、皇后和众大臣享用，以表臣子的一片心意。

康熙大帝大喜，既然是哈密之贡，何不直接叫哈密瓜？既响亮，又听得出这瓜的由来，众臣听后也大呼妙，于是，哈密瓜从此就有了正式的名字。

哈密瓜很甜很营养

哈密瓜有"瓜中之王"的美称，瓜肉中含有18%干物质，含糖量高达15%左右，所以哈密瓜很甜，比一般的瓜果甜上好几倍。它的风味很独特，有的带奶油味，有的含柠檬香，符合各种口味的人，不管是直接吃，还是榨汁，哈密瓜都受到了人们的喜爱。

据分析，哈密瓜中铁的含量比鸡肉高2~3倍，比牛奶高17倍，维生素的含量比西瓜高4~7倍，比苹果高6倍，比杏子高1.3倍！还有苹果酸、果胶物质、维生素A、B、C，尼克酸以及钙、磷等元素。这些都有利于人的心脏和肝脏工作以及肠道系统的活动，对促进内分泌和造血机能有重要作用，而且还能加强肠胃的消化过程。

weixianjiuzaiwomen
dezuibian

在每一百克哈密瓜的瓜肉中还有灰分元素 2 克，蛋白质 0.4 克，脂肪 0.3 克，钙 14 毫克，磷 10 毫克，铁 1 毫克。虽然铁的含量只有 1 毫克，但请不要小看这 1 毫克铁，它对人体的造血功能和发育有很大关系。

在炎热的夏季，吃上一片哈密瓜，那真是一种享受，不仅去除了内心的烦躁，还能明显感觉到精神了很多。

爱吃，也要健康吃

哈密瓜性凉，吃的时候要注意，不能因为好吃而吃太多，以免引起腹泻。哈密瓜含糖量高，如果你是糖尿病患者，那你就不要吃哈密瓜了。还有患有脚气病、腹胀、黄疸、寒性咳喘以及病后的人也要特别注意，不能因为嘴馋而损害自己的健康。

我们经常看到的哈密瓜多为椭圆形或橄榄形，它的颜色为果绿色带网纹的，金黄色的，花青色的等等。在挑选的时候，可以用鼻子去闻

瓜，一般有香味的，都是成熟度适中的，没有香味或香味淡的，是成熟度较差的，可以放些时候再吃。

哈密瓜在表皮上有很多裂缝，皮内可能存在细菌，一旦将瓜切开，这些细菌就会跑到瓜瓤内，所以吃前先清洗瓜皮也能消灭一部分细菌，降低瓜瓤被细菌污染的几率，切开后不宜在常温中放置过久，最好放入冰箱，吃的时候再拿出来。

研究发现，有3.5%的哈密瓜中含有沙门氏菌和志贺菌，我们一般都是生吃哈密瓜，所以细菌会直接进入肠内，从而引起身体不适。所以，在吃哈密瓜之前一定要特别注意，以免病从口入。

小链接

哈密瓜还能这样吃

哈密瓜最常见的吃法是，将瓜切开，然后直接吃其果肉或者切成块状来吃。你一定不知道，哈密瓜其实还可以这样吃。

取哈密瓜100克，酸奶250克，少许矿泉水，做法是：将哈密瓜切小块，加少许矿泉水和少许酸奶倒进搅拌机中搅拌30秒。杯里先倒入半杯酸奶再倒入搅拌好的哈密瓜汁，然后在最上面一层再加少许酸奶，即可做成双层哈密瓜酸奶，好吃又营养。

哈密瓜还能煮哦！做法是切开哈密瓜，取一半制成"碗"状，先把薏粉煮熟，然后将其放置于哈密瓜碗里，然后根据个人喜好加一些豆腐块、胡萝卜、圣女果、葱花等等清煮，适当把握时间，然后加入哈密瓜碎末和番茄酱就好了。

哈密瓜还能做成汤！首先将哈密瓜洗净去皮，去籽，切块，同时把陈皮浸软，百合洗净，备用。接着在锅中放入适量的清水，加入哈密瓜、陈皮、百合，用大火煮半小时，然后转慢火煮2小时，加盐调味，即可趁热食用。

师生互动

学生：老师，哈密瓜那么有营养，除了上面讲的一些注意事项之外，还有一些什么需要注意的吗？

老师：甜瓜类对于肾病、胃病、咳嗽痰喘、贫血和便秘患者非常有利，如果你轻微贫血，多吃几片哈密瓜就能够消除你由贫血引起的头晕等症状。但特别值得注意的是，受伤后的瓜很容易变质腐烂，不能储藏，所以搬动哈密瓜时一定要注意应轻拿轻放，不要碰伤瓜皮。

大号汉堡易三高

◎明明很喜欢吃汉堡，在他看来，这个世界上没有比一个大汉堡加上一杯可乐更美味的了。

◎周末的时候，明明吵着让爷爷带他去肯德基。

◎明明跟爷爷赌气，为了证明爷爷的说法是错的，回到家后他就去问爸爸。爸爸摸摸明明的头，告诉明明，爷爷说的没错，汉堡吃多会影响身体健康。

为什么不能多吃汉堡？

很多小朋友都喜欢吃汉堡，但大人常常把汉堡说成垃圾食品，不让孩子们吃，这是为什么呢？

"垃圾食品"是指汉堡、薯条、可乐等快餐食品，每当孩子挑食的时候，家长总会训诫：不好好吃饭，一天到晚想吃那些垃圾食品，小心

长不高……

　　不过，对于垃圾食品这个定义，还是有很多争议的。有些学者认为，"垃圾食品"就是那些只能提供热量，却一点营养价值都没有的食物，平时我们所说的高热量、高脂肪、高糖分的"三高"食品就是典型代表。但也有一些营养专家否定了简单将某些食物划分成"垃圾"的说法，"三高"本身无罪，在某种程度上也能满足人们的需求，将其说成"垃圾"太绝对了，怎么也是吃到肚子里的食物，如果真的是垃圾食物，那卖这些东西的商家不是都要破产了吗？

　　真是公说公有理，婆说婆有理。但有一点是肯定的，那就是一个人每天摄入过量的油脂和糖分对身体危害极大，我们身体所能承受的量是有限度的，一旦超过了能够承受的范围，就会造成额外负担，甚至影响到人体健康。

　　所以，不能老是挑食哦！如果饮食结构不合理，偏食这些高脂肪、

高糖分食物，造成热量摄入过多而其他营养成分缺乏时，再美味的汉堡也会变成"垃圾食品"的，不要等到真的生病了，才想到应该注意些什么。

汉堡包的由来

我们知道，汉堡不是我们的传统食品，是从西方传来的。最开始的汉堡包也不是我们现在看到的那样，原始的汉堡包是剁碎的牛肉末和面做成的肉饼，叫牛肉饼，汉堡也是经过很长一段时间的发展变化，才成为今天这个样子的。

古时候，鞑靼人有生吃牛肉的习惯，他们将煎好的面夹着牛肉吃，这就是最初的牛肉饼，牛肉饼是鞑靼人的传统食品。后来随着鞑靼人的西迁，这个习惯也跟着西迁，它先传入巴尔干半岛，而后传到德意志，逐渐改生食为熟食。

德国人的饮食习惯和鞑靼人又有不同的地方，所以跟随着鞑靼人迁来的牛肉饼被德国汉堡地区的人们加以改进，他们将剁碎的牛肉泥揉在面粉中，将肉和面粉混杂成饼状，煎烤后吃，为了方便，他们把面饼称为"汉堡肉饼"。

1850年，德国移民将汉堡肉饼烹制技艺带到美国，再后来，汉堡肉饼被改进得越来越多，花样翻新，并逐渐与三明治合流，将牛肉饼夹在一剖为二的小面包当中，就有了现在我们熟悉的"汉堡包"。

汉堡包世界之最

世界上最大的汉堡包你肯定不知道，那是1998年8月5日，在美国威斯康星州西摩的露天商品展览会场，烹制出的一个重2.5吨的汉堡包！2.5吨是什么概念？我们不妨换算一下，1吨就是1000公斤，2.5

× 50

吨就是 2500 公斤，1 公斤等于 2 斤，那么 2500 公斤就是 5000 斤！简单一点来说，如果你体重是 100 斤，那么这个汉堡就相当于 50 个你！

世界上最贵的汉堡包是英国一间餐厅推出的一款售价为 55 英镑（约合 770 元人民币）的汉堡包，大约每一口就需要花掉 4 英镑（约合 56 元人民币）。这种汉堡包名为"和牛"，被誉为快餐里的"法拉利跑车"。

小链接

汉堡包的诞生地

要追踪汉堡包的诞生地，那就不得不提到康涅狄格州的 Louis 餐厅了，最早出现这种食物的地方是这里。提到 Louis 餐厅的汉堡包，还有一段小故事呢！

早在 1900 年，Louis 餐厅就存在了，一天，有位商人路过这家餐厅，当时他很饿，但是他又急着去做生意，所以经过这家餐厅的时候，他就问餐厅的厨师，能不能在最快的时间内给他弄点好吃的。那个厨师当时刚蒸好一片牛肉，看商人很着急的样，就随手将烹好的牛肉放在两片面包上一夹，又因为刚烹好的牛肉还带着热气，厨师没多想就又加了两片青菜，然后递给这位商人，商人疑惑地接过这种夹肉面包吃起来，竟然称赞味道好极了！

后来，商人还特地跑到这家餐厅，让厨师给他做那天他吃的夹肉面包。就这样，这家小餐厅就把这种东西列为一种食物出售了，而且受到了顾客的欢迎。

师生互动

学生：老师，汉堡包很好吃，但是它们的胆固醇含量太高，吃多了对身体不好。如果我们特别馋嘴想要吃的话，有什么方法可以降低胆固醇呢？

老师：汉堡包的胆固醇含量较高，所以不宜经常大量食用。吃这类食物的时候，可以根据个人口味搭配一些膳食纤维丰富的食物，如：芹菜、豆类、胡萝卜、玉米、燕麦等；也可以搭配些维生素 C 和维生素 E 含量较高的蔬果，如：猕猴桃、柑橘、葡萄、小白菜、番茄、菜花等，不仅可以降低血脂，还能调整血脂代谢。此外，茶叶中的茶色素可有效降低血液中的胆固醇含量，防止动脉粥样硬化和血栓的形成，所以喝杯茶也是不错的选择，相比红茶，绿茶是更好的选择。

黄花菜都凉了

◎春天来了，田野里遍地金黄，黄花菜开花了。

◎放学后，明明走到菜地，摘了一大把黄花菜，兴奋地跑回家。

◎妈妈接过明明手中的黄花菜，并没有直接洗好下锅，而是泡了水，然后再用开水烫了烫。

黄花菜是花还是菜？

黄花菜是重要的经济作物，它的花蕾叫金针，不仅供人欣赏，还能作为蔬菜供人食用。黄花菜一般是成片种植，开花的时候，真的很漂亮。黄花菜你一定不陌生，但是成片开花的黄花菜你兴许还没有见过，如果时间允许的话，不妨到户外走走，没准你还能有意外的收获哦！

　　黄花菜，又名金针菜、萱草、忘忧草，是百合科植物，在两千多年前就有种植，自古以来就是一种美食，它的花瓣肥厚，呈金黄色，带着浓郁的香味，煮成菜吃起来清香爽滑，美味可口，受到许多人的青睐。黄花菜作为营养价值高、保健功能强的花卉真品蔬菜，经过蒸、晒，加工成干菜，即金针菜或黄花菜，远销国内外，是很受欢迎的食品。它和木耳齐名，是"席上珍品"。

　　与在温室种植的一些蔬菜不同，黄花菜生命力极强，它没有严格浇水等要求，随意的山坡或者草地都能生长，在我国北方广泛种植。夏季是黄花菜的花期，很多游客还特地去赏花，大片的黄花菜不仅能让人放松身心，还能陶冶情操，让你精神气爽。所以，黄花菜不仅仅是蔬菜，更是受欢迎的花。

吃黄花菜有什么好处？

　　有个小朋友，他很挑食，只吃肉不吃蔬菜，他越来越胖，妈妈很担心，

劝他多吃青菜，不要吃太多高热量的食物，但是他总是不听。后来，他妈妈想到一个办法，就是买来干的黄花菜，变了花样煮给他吃，没想到他一下子就喜欢上了黄花菜的味道，慢慢地变得不挑食了，体重也恢复到正常状态。

当然，黄花菜的好处不仅如此，它还具有很高的营养价值，营养家分析，黄花菜中胡萝卜素含量最为丰富，干品每百克含量达 3.44 毫克，在蔬菜中名列前茅。此外，每百克含蛋白质 14.1 克，脂肪 1.1 克，碳水化合物 62.6 克，钙 463 毫克，磷 173 毫克，还有多种维生素。

黄花菜含有丰富的卵磷脂，磷脂是机体中许多细胞特别是大脑细胞的组成部分，黄花菜中的卵磷脂对增强和改善大脑功能有着重要的作用。而且它还能清除动脉内的沉积物，对注意力不集中、记忆力减退、脑动脉阻塞等症状有特殊疗效，所以人们很亲切称它为"健脑菜"。

黄花菜因含有冬碱等成分，又具有止血、消炎、利尿、健胃、安神等功能。它的花、茎、叶都能入药，不仅如此，它的根炖鸡食用，对治疗贫血、老年性头晕等，具有较好的效果。日本饭野节夫教授在其专著中列举了八种健脑副食，黄花菜竟然是第一个！

　　黄花菜成为人们喜爱的家常菜，因为黄花菜不仅有抗菌免疫、中轻度消炎解毒的功效，常吃黄花菜还能滋润皮肤，增强皮肤的韧性和弹力，可使皮肤细嫩饱满、润滑柔软、皱褶减少、色斑消退、增添美容，在防止传染方面也有一定的作用。

怎么分辨黄花菜的好和坏

　　黄花菜营养价值高，吃了对我们的身体有很多好处，但是什么样的黄花菜才是好的？怎么鉴别出好的黄花菜？这也是一个很大的问题，毕竟市场上卖的蔬菜，有质量好的，也有不好的，这需要擦亮我们的双眼，同时用到敏锐的嗅觉，还怕买不到好的黄花菜吗？

　　从外表上看，优质的黄花菜色泽浅黄或者金黄，质地新鲜没有杂物，而劣质的黄花菜的色泽是深黄略带点微红的，条身不像优质的黄花菜那样经长，而是长短不一，粗细不均，并且混有杂物；从味觉上看，优质的黄

花菜带着爽快清香的气息，而劣质的黄花菜则带有烟味，霉味或硫黄味。

纯正绿色天然的黄花菜，条身清脆，可以直接折断，取一根咀嚼，带有甜味，而有些黄花菜添加了焦亚硫酸钠，闻起来有些许刺鼻气味，气味比较浓，如果遇到这样的黄花菜，就不要买了。

想知道你选的黄花菜是好是坏，只要认真看，仔细闻就行了。

小链接

这个时候的黄花菜很危险

黄花菜是人们喜爱的菜肴之一，在市场上也会有新鲜的黄花菜出售，但这些新鲜的黄花有毒，不能直接煮来吃，要特别注意防止中毒。

黄花菜中的毒素名为秋水仙碱，这种毒素可引起嗓子发干、胃部烧灼感、血尿等中毒症状。如果人体摄入秋水仙碱后，会在人体组织内被氧化，生成二秋水仙碱，可毒害人体胃肠道、泌尿系统，严重威胁健康。

一个成年人如果一次食入鲜黄花菜50~100克即可引起中毒。如果你不小心食用引起了中毒，那将会在1小时内出现恶心、呕吐、腹痛、腹泻、头晕、头痛、喉干、口渴等症状，严重的话会引起便血、血尿等，一般要过两三天才好。

所以，烹饪前，先将黄花菜在开水中冲烫一下，然后用凉水浸泡2小时以上，中间换一次水，鲜黄花菜就无毒了。

干黄花菜比较安全，是因为黄花菜经过蒸熟晒干，菜中的秋水仙碱受热破坏，所以食用干黄花菜不会引起中毒，可以放心食用。

师生互动

　　学生：黄花菜有毒，我们在吃的时候应该怎么做才能避免中毒呢？

　　老师：为了我们的身体健康，吃东西的时候一定要特别注意。想要避免吃黄花菜中毒，可将鲜黄花菜在沸水中焯一会儿，再用清水浸泡，就能将大部分水溶性秋水仙碱去除。生活中很多食物中毒都是因为太粗心大意造成的，所以我们一定要小心谨慎。如果不小心食用了鲜黄花菜导致中毒，可用浓茶水洗肠胃，严重的话就必须送去医院治疗了。

鸡蛋食用禁忌

◎ 为了更好地照顾上学的小明，外婆特地从乡下搬来，与小明一家住在一起。

◎ 外婆果真很疼小明，每天一大早就给小明煮早餐。

◎ 一开始小明很享受，但一段时间后他就受不了了，因为外婆每天早上都给他煮鸡蛋，他都吃腻了。

看到鸡蛋就害怕，真不想吃了，该怎么跟外婆说呢？

鸡蛋有什么营养？

　　早餐吃一个鸡蛋是很多人的习惯，小小一枚鸡蛋，却能够让你精神饱满一整天呢！我们都知道鸡蛋，但你可能不知道为什么我们的生活离不开鸡蛋，为什么要用鸡蛋当早餐。鸡蛋曾被美国某杂志评为"世界上最营养的早餐"，一个蛋黄的抗氧化剂含量就相当于一个苹果，它的

营养价值是无法忽视的。

学习累了，特别是准备考试的时候，妈妈总让我们吃鸡蛋，说补充营养，鸡蛋是人类最好的营养来源之一。一个鸡蛋的热量，相当于半杯牛奶的热量！而且鸡蛋的单价要比牛奶便宜很多，它还拥有人体不可缺少的矿物质：12.6%的蛋白质、8%的磷、6%的维生素D、6%的维生素A、5%的维生素B、4%的锌、4%的铁、3%的维生素E、2.4%的维生素B6、2%的维生素B……这些营养物质起着极其重要的作用，如修复人体组织、形成新的组织、消耗能量和参与复杂的新陈代谢过程等。

鸡蛋中蛋白质的含量也很丰富，每百克中就含蛋白质12.8克。鸡蛋中的蛋白质主要为卵白蛋白和卵球蛋白，它与人体蛋白的组成极为近似，很容易被人体吸收。鸡蛋不仅含有人们熟知的多种营养物质，而且它还含有两种氨基酸——色氨酸与酪氨酸，这两种酸可以帮助人体抗氧化。

鸡蛋的营养价值这么高，价格却不贵，还真是物美价廉，当你觉得身体疲乏，需要补充营养能量的时候，鸡蛋是非常好的选择哦！

吃鸡蛋需要注意一些什么呢？

鸡蛋必须煮熟，不能生吃。有人认为生吃鸡蛋可以获取比熟鸡蛋更多的营养价值，但并不是这样的，鸡蛋的蛋白含有抗生物素蛋白，需要高温加热破坏，生吃鸡蛋很可能会把鸡蛋中含有的细菌（例如大肠杆

菌）吃进肚子去，造成肠胃不适，并引起腹泻，而且还会影响食物中生物素的吸收，使身体出现食欲不振、全身无力、肌肉疼痛、皮肤发

炎、脱眉等症状。不只是鸡蛋，很多食物都不适合生吃，生吃的话很容易拉肚子。

鸡蛋忌与糖同煮。如果鸡蛋和白糖同煮，就会因高温作用生成一种叫糖基赖氨酸的物质，从而破坏了鸡蛋中对人体有益的氨基酸成分，形成果糖基赖氨酸结合物，这种物质不易被人体吸收，对健康会产生不良影响。

不能空腹吃鸡蛋。就像空腹不能吃苹果的原理一样，空腹也不能吃鸡蛋，因为空腹食用这些蛋白质含量高的食品，蛋白质将"被迫"转化为热能消耗掉，起不到营养滋补作用。同时，在一个较短的时间内，蛋白质过量积聚在一起，在分解过程中会产生大量尿素、氨类等有害物质，不利于身体健康。鸡蛋与兔肉同吃的话，会刺激肠胃道，引起腹泻。

此外，这五类人群不宜食用鸡蛋：肾脏病患者、高热患者、肝炎患者、初产妇、蛋白质过敏者。鸡蛋营养丰富，但不是什么人能吃的，也不是因身体需要营养而没有节制地吃，什么事情都有限度，吃东西也一样，过量了就会产生意想不到的结果，往往都是坏结果。

哪些鸡蛋不能吃

鸡蛋营养价值丰富，但我们在食用的时候仍需注意，哪些鸡蛋可以放心吃，哪些鸡蛋不能吃等等。鸡蛋储存、运输等过程中，会受到温度、湿度、时间等诸多因素的影响而使一些鸡蛋腐烂，腐烂后的鸡蛋就不能再吃了。

臭鸡蛋是因为细菌侵入鸡蛋内大量繁殖，产生变质，这种鸡蛋壳呈乌灰色，有的蛋壳因受内部硫化氢气体膨胀而破裂，而蛋内的混合物呈灰绿色或暗黄色，而且臭味很重，这种鸡蛋要马上丢掉，不能再吃，否则会引起细菌性食物中毒。

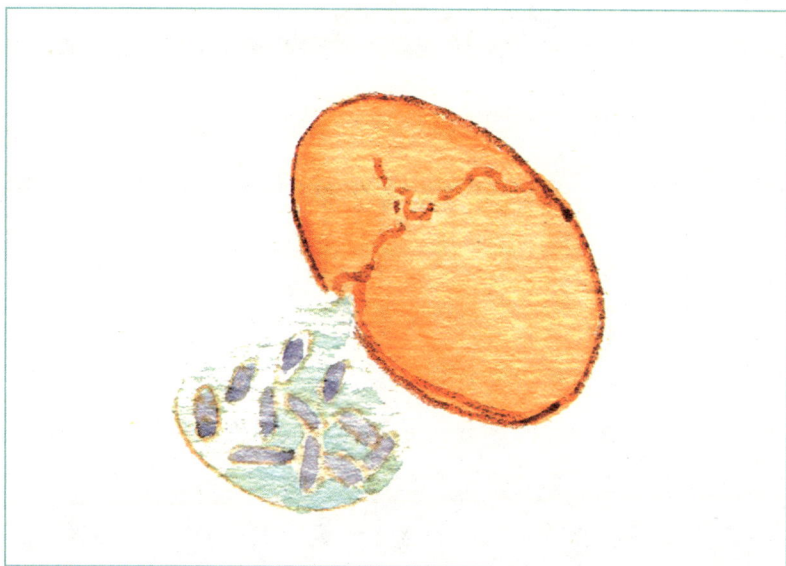

　　鸡蛋易碎，在运输、储运以及包装等过程中，一不小心就会由于振动、挤压等原因，使鸡蛋出现一定程度的裂缝，但不至于破碎。这些有裂缝的鸡蛋不能食用，因为细菌会沿着裂缝侵入鸡蛋，久置之后使其发生变质，不慎食用会发生食物中毒。冰箱里的鸡蛋也可能因为你开关冰箱的时候受到撞击，如果你看到裂开的鸡蛋，也要丢掉，不要觉得差不多还好就硬要去吃，那样只会害苦你自己。

　　鸡蛋的孵化也很讲究，不仅要有适当的环境，而且需要达到一定的温度。如果在孵化过程中受到细菌或者寄生虫的污染，亦或是环境、温度等原因，导致鸡蛋不能顺利孵化，胚胎停止发育形成死胎蛋，这也是不能吃的。这种蛋所含营养已发生变化，如死亡较久，蛋白质被分解会产生多种有毒物质，会危害人体健康，所以不能吃。

　　除此之外，发霉蛋、散黄蛋也不能吃。为了健康，我们吃东西时要小心为上。

吃鸡蛋的皇帝

鸡蛋物美价廉，成为人们补充营养的首选，但清代有个皇帝光绪吃的鸡蛋却贵得离谱，这是为什么呢？

光绪帝小的时候很喜欢吃鸡蛋，他一天要吃4个！在那个时候，每个鸡蛋就几个铜钱，并不贵，但因为对象是皇帝，皇宫里又不养母鸡，鸡蛋都是御膳房从外面买来的，所以御膳房狮子大开口，把鸡蛋的价格提高了好几十倍，4个鸡蛋就需要整整34两银子。

有一次，光绪皇帝跟他的老师谈话，无意中提到鸡蛋，光绪帝说："鸡蛋真好吃，可这东西这么贵，翁师傅你能吃得起吗？"老师一听，鸡蛋并不贵啊，就几纹钱，连皇帝都觉得贵，那普通老百姓怎么可能吃得起？这其中肯定有猫腻！但他又不能当着皇帝的面说实话。这样一来，光绪皇帝吃鸡蛋一年就可以吃掉12410两白银！

原来啊，内务府通过虚报账目，低价买进，高价卖给皇帝，小小的鸡蛋里，竟然能有这么大的贪污事件。

师生互动

学生：鸡蛋那么有营养，那么鸡蛋壳有用吗？

老师：鸡蛋壳也用处多多呢，只是经常被人们忽略。比如，鸡蛋壳碾成末内服，可治小儿软骨病，外敷可消炎止痛；将蛋壳捣碎装进丝袜里，再放入热水中浸泡五分钟，再用这热水洗衣服，晾干后就会发现格外干净；杯子、瓶口或者油桶的污垢也可以用蛋壳来清除；将粉末状的蛋壳放置于墙角，还可以用来消灭蚂蚁呢！如果你有兴趣，可用试试看哦！

四川的辣妹子

◎ 明明和爸爸妈妈坐在电视机前看电视，电视里唱着辣妹子，小明也跟着哼起来。

◎ 今天妈妈煮了川菜，但怕明明吃不了辣，所以另外准备了一叠辣椒。

◎ 吃饭的时候，小明也哼着辣妹子的歌，为了表示他也不怕辣，他在自己的饭碗里放了一大勺辣椒。

真的吗？为什么吃多了辣椒会要人命？

辣椒吃多了也会要人命的。

你敢吃辣椒吗？

有的人能吃辣，我们身边有这样的人，他们吃辣吃得满头大汗，却大呼过瘾，也有很多人对辣椒敬而远之。你能吃辣吗？你能形容吃辣椒时候的感觉吗？

辣椒有很多叫法，有人习惯叫成番椒、海椒，也有地方的人叫辣

角、秦椒，还有辣子等。别看咱们对辣椒很熟悉，辣椒的原产地并不是中国哦！产于墨西哥的辣椒是在明朝末年的时候才被引入中国的。

辣椒是一种茄科辣椒属植物，也许有的小朋友会说：我家后院就种有辣椒！的确，辣椒在我国大部分地区都有种植，辣椒的苗龄在100天到150天，它的叶子呈卵状披针形，白花，结出的果实是青绿色的，成熟后变成红色或者黄色，我们平时见到的辣椒大多为红色。

我们平时所说的辣椒，就是指它的果实，因含有辣椒素而带有辣味。同一种辣椒，种在两个不同的地方，它们辣的程度就有区别，就像种在南方的橘子甜，而种在北方的橘子酸是一个道理。因为生长环境的不同，辣的程度也不同。

凡是辣椒，都含有一种叫做辣椒素的化学物质，我们吃的时候能够感觉到辣，只不过是辣的程度不同罢了。不信，你可以拿个辣椒尝尝，不过你要做好被辣到掉泪的准备哦！

辣椒辣，你怕不怕?

同样的辣椒，有的人会跳起来大叫：哇！好辣！然后四处找水喝。但有的人却可以轻松地说：一点都不辣！有的人越是被辣得泪如泉涌、鼻涕直流，越有一种"荷尔蒙爆发"的神奇酣畅感；也有的人却因为受不了辣味而不吃辣椒。但究竟辣到什么程度才算辣呢？辣不辣也不是一个人或一群人说了算，那怎样鉴定辣椒辣的程度呢？

正如酒类有酒精度标记，甜品有含糖量标记，辣椒产品也应有辣味标记。测试辣椒的辣度，当然不能直接靠我们五官的感觉，舌头会受不

了的！聪明的科学家想到了一个很好的方法，那就是通过兑水稀释，以水稀释到多少倍，才能使舌尖感受不到辣味来代表辣度。需要愈多的水稀释的辣椒，代表它辣得愈够劲，目前测量辣度基本单位即以此命名。辣度的标准是以斯高维指数（SHU）来表示的，辣度 = SHU ÷ 150，到底有多辣，度数说了算。辣度和 SHU 越大，辣味就越强。

其实我们吃的辣椒压根就不算什么，世界上有一种叫做阴阳毒蝎王鬼的辣椒要比我们所吃的辣椒要辣上 100 倍！如果直接放入口中，估计舌头都会被烧掉！

吃辣椒也有讲究哦！

我们吃的红辣椒里，辣椒素是辣味的始作俑者。当然吃一个红辣椒问题不大，但你如果吃到一定量的话，可能就会有生命危险哦！

辣椒很辣，但有人却喜欢吃，这是因为辣椒中含有丰富的维生素 C、β—胡萝卜素、叶酸、镁及钾，还含有钙和铁等矿物质及膳食纤维，以及维生素 A、B、C、E、K 等。辣椒中维生素 C 的含量在蔬菜中居第一位呢！吃辣椒好处多多，不仅可以开胃、促进血液循环，还有增进食欲的作用，吃红辣椒能充分刺激口腔，最大限度利用消化过程，升高体温，消耗能量和控制食欲。

吃辣椒的好处多着呢，辣椒素具有抗炎及抗氧化作用，有助于降低心脏病、某些肿瘤及其他一些随年龄增长而出现的慢性病的风险。辣椒还能减肥，经常进食辣椒可以有效延缓动脉粥样硬化的发展及血液中脂蛋白的氧化。此外，辣椒素不但不会引起胃酸分泌的增加，反而会抑制胃酸的分泌，刺激碱性黏液的分泌，有助于预防和治疗胃溃疡。但是不能因为吃辣椒有诸多好处而勉强自己哦！其实吃不吃辣，关键是看个人喜好。

辣椒可作食材，也可作调料，它的功效也有很多，平时我们吃辣椒都比较随意，也没怎么去注意，造成了辣椒营养流失，那么，怎样才是

科学吃辣=健康

正确的吃辣椒呢?

辣椒最好做熟了再吃。生辣椒中含有大量辣椒素,可能对口腔和胃肠道黏膜产生刺激,最好是煮熟了吃,因为加热后,辣椒对胃肠的刺激就会减少。

搭配解辣下火的食品再吃。适当吃辣是很好的,但辣味的刺激性比较强,因此需要吃甜和酸的食物帮助解辣。如果你留意,就会发现,妈妈在炒辣菜的时候,通常会配一道清淡的菜,主要是为了减少辣对人体的刺激。

干燥时节少吃辣。由于个人体质不同,对于辣椒能承受的程度也不相同,再怎么喜欢吃辣也不能没有节制。如果你是手脚冰凉、容易贫血的人可适当多吃辣椒,但是有胃溃疡、食道炎、痔疮的人,以及阴虚火旺、经常便秘、长痤疮的人要慎吃。干燥季节不宜吃辣,它不仅会影响你的皮肤,还会对你身体营养结构造成影响。

辣椒也能治病

更多时候，我们将辣椒当成食品或者调料品，你也许不知道，辣椒的这些作用。

帮助消化：用各种辣椒制成的调味品，口服后，可增加唾液分泌及淀粉酶活性，有促进食欲、改善消化的作用。

抗菌杀虫：辣椒碱对蜡样芽脑杆菌及枯草杆菌有显著抑制作用，但对金黄色葡萄球菌及大肠杆菌无效，10%～20%辣椒煎剂有杀灭臭虫的功效。

发赤作用：外用作为涂擦剂对皮肤有发赤作用，使皮肤局部血管起反射性扩张，促进局部血液循环的旺盛。

师生互动

学生：老师，除了辣椒有辣味之外，还有带有辣味的东西吗？

老师：不只是辣椒，我们经常食用的食物中还有很多对人体有益的带辣味的辛辣食物：比如大蒜中含量丰富的大蒜素，具有降血压、降血脂、降血糖和抗癌的多重功效；老姜中的辣味物质姜辣素，可以促进血液循环、使人面色更加红润，还可以增进食欲哦；此外，让我们爱得流泪的洋葱，那刺鼻的辣味挥发物是二烯丙基二硫化物，具有消毒杀菌的神奇功效呢。

美味樱桃变毒药

◎上课的时候，小明从书包里拿出樱桃，
　在同桌羡慕的眼光下将其放入嘴里。

◎为了显示樱桃的美味，小明一脸的享
　受，他把嘴里的樱桃拿出来，再咬开核
　含在嘴里。

◎下课的时候，几个人把小明围起来，小
　明却抓住书包，一点跟他人分享的意思
　都没有。

有没有头晕想吐的感觉，樱桃不能随便吃。

吓死我了，差点小命不保。

美味樱桃也有可能变成砒霜

　　樱桃不仅长得可爱，而且也很好吃，是大众喜爱的水果之一，它的吃法有很多种，生吃、烧煮、烤熟、做成果酱或糖果都可以，樱桃甚至可以配某些酒吃。很多地方有冰糖葫芦卖，其中就有樱桃做成的，酸酸甜甜的味道还真挺受欢迎的。

　　樱桃与李子、杏和桃子来自同一家族，这些水果的叶子和种子中都含有极高的有毒化合物。如果你吃樱桃的时候不假思索地咬开了核然后留在嘴里没吐出来，你很可能就吞下了氢氰酸。一旦樱桃核被咀嚼或咬碎了，他就会自动产生氢氰酸，从而造成食物中毒。

　　如果是轻度中毒，可能只会有些头痛、头晕、意识错乱、焦虑心慌和呕吐等症状，大量的氢氰酸中毒的话，会导致呼吸困难、高血压、心脏跳动过快以及肾衰竭。当然，氢氰酸还会引起其他的反应，如昏迷、抽搐，最严重的会导致呼吸系统衰竭致死。

《本草衍义补遗》中说道："樱桃属火，性大热而发湿。旧有热病及喘嗽者，得之立病，且有死者也"。说明食用水果一定要讲科学，食用得当，特别是吃樱桃的时候要慎重，切勿将其咬烂含在嘴里或者直接咽下肚。樱桃经雨淋，内生小虫，用肉眼难看见，所以吃前应用水浸泡，一段时间后，纤细的小虫蛰被泡出，这样食用才安全。

樱桃应该要多吃

樱桃属于蔷薇科落叶乔木果树，我们见到的樱桃一般都是成熟的，它颜色鲜红，玲珑剔透，美味可口，是不可多得的营养水果，它还有"含桃"的别称。

我们知道，铁在人体正常运行中有着不可替代的作用，是合成人体血红蛋白的原料，是血液中血红素的重要成分，如果人体缺铁，就会造成缺铁性贫血，呼吸短促，头晕目眩，怕冷，呕吐，腹泻，免疫力下降等，如果是儿童缺铁，就会发育不良，平时精神难以集中，记忆力减退，学习成绩下降等。所以，我们要重视对自身营养元素的补充，这样才能有精力去做喜欢做的事情。

与其他水果相比，樱桃的含铁量是非常高的，每百克樱桃中含铁量多达59毫克，是同等重量的草莓的6倍、枣的10倍、山楂的13倍、苹果的20倍，常吃樱桃可以补充人体内对铁的需求，促进红蛋白再生，既可防治缺铁性贫血，又可增强体质，健脑益智。此外，樱桃中含有的维生素B、C及钙、磷等矿物元素，位于各种水果之首。樱桃也含有丰富的胡萝卜素，在体内可以转成维他命a，能使皮肤柔软细致，祛除粗糙皱纹，对于女性来说，有着极为重要的意义。

樱桃还有一个重要功效，那就是缓解电脑工作者的不适应状。现在社会离不开电脑，网络便捷了人们的生活，但也给人们的身心健康埋下隐患。长时间用电脑的人，手指关节、手腕、双肩、颈部、背部等部位

都会酸胀疼痛，樱桃中含有氧化剂的营养素，能够有效消除这些肌肉酸痛，对经常上网的人来说是非常有好处的。

樱桃比较常见的几种食疗作用

櫻桃不仅美味可口，营养丰富，还有食疗的作用！下面介绍几种比较常见的：

防治麻疹。麻疹流行的时候，小孩非常容易受到感染，给小儿饮用樱桃汁能够预防感染。

收涩止痛。樱桃可以治疗烧烫伤，起到收敛止痛，防止伤处起泡化脓的作用。

抗贫血。铁能够促进血液，合成人体血红蛋白、肌红蛋白的原料，

在人体免疫、蛋白质合成及能量代谢等过程中发挥着重要的作用。常食樱桃可补充体内对铁元素量的需求，促进血红蛋白再生，既可防治缺铁性贫血，又可增强体质。

养颜驻容。樱桃营养丰富，所含蛋白质、糖、磷、胡萝卜素、维生素 C 等均比苹果、梨等一些水果高，常用樱桃汁涂擦面部及皱纹处，能使面部皮肤红润嫩白，有去皱消斑、美容养颜的功效。

祛风胜湿。樱桃树根还具有很强的驱虫、杀虫作用，可驱杀蛔虫、蛲虫、绦虫等。

小链接

吃樱桃的时候，你需要注意

樱桃核仁含氰甙，如果吃到肚子里，水解后产生氢氰酸，会引起食物中毒，所以吃樱桃的时候注意不要把樱桃核咬破了，如果不小心咬破了也要马上吐掉，不要咽下肚，以免食物中毒。

樱桃含钾量也很高，肾病患者一般排尿不规律甚至少尿，这样一来本应该排出的钾就会减少，没有排出的就滞留在人体内，如果患者食用过多的樱桃，就会出现高血钾，当血钾 > 6.5ml/L 时，就很可能使患者心脏停止跳动。所以，肾病患者不要吃樱桃。

樱桃好吃，所以很容易就吃多了，很有可能引起铁中毒或氢氧化物中毒，如果只是轻度中毒或者不适，不是很严重的话，可以立即食用甘蔗汁清热解毒。

樱桃属浆果类，容易损坏，所以一定要轻拿轻放。买樱桃时应选择连有果蒂、色泽光艳、表皮饱满的，如果当时吃不完，最好保存在零下1℃的冷藏条件下。另外，樱桃虽好，但也注意不要多吃。

师生互动

　　学生：老师，樱桃除了上面所提到的几种功效之外，还有其他的用法吗？

　　老师：如果你因为长时间上网，脖子酸痛得厉害，你可以尝试一下这个方法：将樱桃洗净，再用米醋浸泡，一到两周后拿出来服用，早晚各喝一次，每次二十毫升左右，这对改善因长期使用电脑引起的各种症状很有效。

新鲜木耳不可吃

◎这雨一下就是好几天，好不容易消停了，明明赶紧跑到院子去玩。

◎地面还是湿漉漉的，雨后的院子显得萧条。明明在墙角下发现了一根粗木条，上面长满了木耳。

◎明明把木耳小心翼翼地摘下来，拿回家。

◎妈妈把木耳拿出去晒干，而不是直接煮了吃，这让明明很疑惑，原来新鲜的木耳不能直接吃呀！

木耳是什么？

　　木耳有好几种叫法，有些地方的人就叫木耳，因为它长在枯木上，形状像人的耳朵，所以就叫木耳；有的木耳形状像飞蛾和蝴蝶，所以又有人叫做木蛾；有些木耳在枯树上互相镶嵌，层层叠叠像天边的浮云，所以有人叫它云耳；还有些地方的人叫它树鸡或者木鸡，是因为木耳的味道和鸡肉一样鲜美。我们常见到的长在枯木上的木耳一般是黑色的，通常就叫黑木耳。

木耳生长环境不复杂，只要有足够的湿气，枯木上就能够生长。我们平时吃的木耳主要有两种，一种是两面光滑、黑褐色、半透明的，称为黑木耳、细木耳或者光木耳。新鲜的黑木耳很软，口感细嫩，风味特殊，是一种营养丰富的食用菌。木耳晒干后成角质，食用之前一般要浸泡在水中，木耳吸水后就跟新鲜木耳一样了。

另外一种是腹面平滑，背面多毛呈灰色或灰褐色，称毛木耳或者粗木耳（通称野木耳）。毛木耳面积较大，但质地比较粗韧，不易嚼碎，而且味道也没有黑木耳好，所以市场上这种木耳比较便宜。

木耳有营养吗？

我们吃木耳，不仅仅是因为木耳口感好，还因为木耳有很高的营养价值。在很久很久以前，人们就知道了这一点，木耳成为餐桌上久食不厌的山珍，老百姓将它赞美成"素中之荤"。外国人也喜欢吃木耳，特别是中餐中的木耳，世界上把木耳称为"中餐中的黑色瑰宝"。

木耳可素可荤，还能作为中药中的珍贵药材。每100克干木耳中含铁97.4毫克，它比绿叶蔬菜中含铁量最高的菠菜高出34倍，动物中含铁最高的就是猪肝，但木耳中铁的含量是猪肝的22倍！不管是荤还是素，木耳中铁的含量是最多的。多吃木耳可以防治缺铁性贫血，还能养血驻颜，令人肌肤红润，容光焕发。

包饺子的时候，很多人就喜欢拿木耳和碎肉做馅，既美味又营养。常吃木耳可以防癌抗癌，因为木耳中含有抗肿瘤活性物质，能增强机体免疫力；木耳中的胶质能把残留在人体消化系统内的灰尘、杂质吸附集中起来排出体外，从而起到清胃涤肠的作用，就像是吸尘器，将吸附在各个角落里的灰尘都吸收起来，然后统一处理，对人体来说，木耳的作用和吸尘器是一样的。

便秘的人应该多吃一些木耳，除了植物胶原，木耳中还有丰富的纤维素，它能够促进胃肠蠕动，促进肠道脂肪食物的排泄、减少食物中脂肪的吸收。另外，木耳多糖，对人淋巴细胞脱氧核糖核酸和核糖核酸合成有显著促进作用；黑木耳可能通过降血浆胆固醇，减少脂质过氧化产物脂褐质的形成，以维护细胞的正常代谢，有延缓衰老的作用。常吃木耳的人比不吃木耳的人气色好，就是这个理。

新鲜的木耳不能吃

吃木耳好处多多，但吃法也有讲究哦！某些医书上就说了，新鲜的木耳不能吃。

> 好饱啊！

有人认为，越新鲜的食物营养越好，但事实并是这样的。鲜木耳就含有一种卟啉类光感物质，它对光线敏感，食用后若被太阳照射可引发皮肤瘙痒、水肿，严重的话很有可能造成皮肤坏死，个别严重的还会因咽喉水肿发生呼吸困难。

相比起来，干木耳更安全。干木耳是经曝晒处理的成品，在曝晒过程中大部分卟啉已经分解，在我们吃之前，我们通常用水浸泡干木耳，直到干木耳吸水饱满，这个过程中剩余的毒素就会溶于水，泡好的干木耳是没有毒的，不过浸泡的时候也要注意换水，起码要换两到三次，这样的话，木耳中的有害物质才能完全被除掉。

吃木耳不能一味图新鲜，别看干木耳不太好看，但干木耳比新鲜木耳要安全很多。

小链接

木耳的故事

很久以前，大森林里住着黑木耳一家人，他们的生活很幸福，不过木耳妹妹很调皮，又很贪玩，没少挨妈妈骂。

有一天，木耳的妹妹趁着爸妈不在家，溜出去玩了。她走呀走呀，心情非常好，天是蓝的，花儿开得真漂亮，连空气都带着香甜的味道！她一会看看这个，一会又闻闻那个，开心极了！她一蹦一跳追着花蝴蝶跑，一不小心就摔倒了。头上、衣服上全都是泥巴。哎呀呀，这可怎么办，妈妈见了一定会又训自己一顿的，她急得快哭了。

不一会儿，小木耳赶紧跑到了小河边，她要在回家之前把自己清理干净。一阵风吹来了，小木耳被吹进了小河里！她在

水里挣扎了一会，然后向岸边使劲的游啊游，可是她的力量太小了，即使她很努力地游着，但是还是被河水带到很远很远的地方。

过了两天，她才被一位钓鱼的爷爷救起，老爷爷问："你是谁呀？怎么会在水里睡着了？"小木耳哭着说："老爷爷，你不认识我了吗？我是小木耳呀！"说完在老爷爷面前转了个圈，突然她发现自己的黑衣服不见了！原本黑色的衣服变成了白色的，她想，自己现在肯定比穿黑衣服的姐姐漂亮，于是她告别了老爷爷，开开心心回家去了，她边跑边笑道："我以后再也不是黑黑的了，以后我的名字是白银耳！"

其实呀，白银耳和黑木耳就是一家人，大家都知道了吧。

师生互动

学生：老师，我妈妈做的木耳炒肉非常好吃，今天放学回家，我又让她做来吃，嘿嘿。

老师：木耳炒肉是一道常见的家常菜，不仅做法简单，而且营养丰富。但是患有痔疮的人一定要注意，千万不要把木耳和野鸡一起煮来吃，野鸡有小毒，二者混合容易诱发痔疮出血。另外，木耳也不要和田螺同食，从食物药性来说，寒性的田螺，遇上滑利的木耳，不利于消化，同时进入人体会造成消化不良，所以这两者也不能同时吃。

带刺的玫瑰：木薯

◎ 外婆从乡下带来了些木薯，小明从来没有见过，他只知道红薯。

◎ 小明一直很好奇，晚上就吵着要妈妈煮给他吃。

◎ 妈妈实在拗不过，就答应了，小明很开心，他蹦蹦跳跳地跟在妈妈身后。

木薯是什么?

木薯,跟我们熟悉的红薯不同,大家对木薯都比较陌生,甚至有很多人不知道木薯长什么样。木薯是灌木状多年生作物,它的适应性强,在干燥碱性土壤也能生长,不过也有一些只适合在河边的酸性泥滩上种植。

木薯的原产地并不是中国,而是在十九世纪二十年代引入种植的,首先在广东省高州一带栽培,随后引入海南岛,现在广泛分布于华南地区。

与藤状的红薯不同，木薯是木质的，长得好的话有 2~5 米高，如果你没见过，你会认为木薯是一种树，因为它的叶子像人张开的手掌。木薯很容易发生变异，所以有人猜测木薯本身是不是一个杂交种，至于是什么和什么的杂交，那就不好说了。

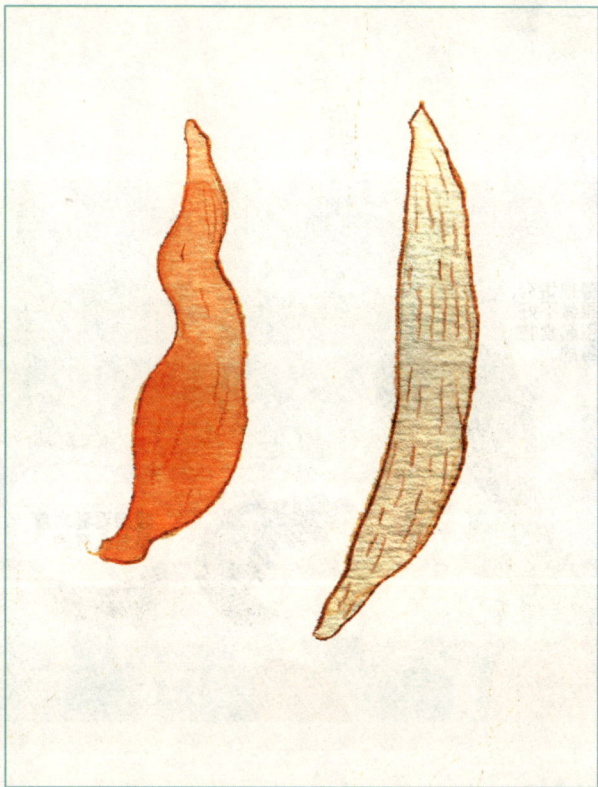

木薯适应能力很强，最适宜的生长环境是年平均温度 27℃，日平均温差 6~7℃，年降雨量 1000~2000 mm 且分布均匀，还需要充足的阳光。热带亚热带地区只要在深厚的土层、排水良好的土地上种植，就会丰收。当然，在年平均温度 18℃ 以上，无霜期 8 个月以上的地区也能生长，不管是山地还是平原。

木薯能做什么？

虽然木薯没有红薯那样被人们熟悉，但木薯的用处很大，它在我国的农作物排行中仅次于水稻、甘薯、甘蔗和玉米等作物，在饲料生产，工业应用等方面具有非常重要的作用。

木薯用途很广泛，不仅涉及到人们的饮食生活，还涉及到化学工业方面，具体如下：

木薯可食用，鲜木薯块根中一般含水分69%，蛋白质1%，脂肪0.2%，木薯的主要成分是淀粉，维生素含量也较丰富。木薯淀粉可制酒精、饮用酒、果糖、葡萄糖、麦芽糖、味精、啤酒、面包、饼干、虾

片、粉丝、酱料等等。木薯还能直接煮了吃，它的味道跟红薯有很大的区别，木薯的叶子还能吃呢！虽然木薯长得像树木，但它的叶子却可以吃，木薯叶片中含有丰富的蛋白质，维生素A，维生素B和维生素C，

它与大豆一样，是一种良好的植物蛋白，很多人都把它当成一种蔬菜。

在农村，人们种植木薯主要不是为了吃，而是当作饲料，木薯的叶片可以喂猪、牛等，成熟的木薯和大豆混在一起，配成禽畜饲料，是一种高能量的饲料成分。木薯产生的热能比一般谷物高几倍，胡萝卜素矿物质和维生素也很丰富，比一些主要牧草的蛋白质含量也要高得多，是一种优质饲料。实践证明，只要注意木薯在配合饲料中的用量和营养平衡，所有畜禽饲料中的碳水化合物的成分都可以用木薯粗粉代替，把木薯作为生产饲料的原材料，具有很高的经济效益。

木薯淀粉是优质淀粉，容易被人体吸收利用，除了能作为食品工业的重要原料之外，还有广泛的工业用途。木薯淀粉基糖浆可通过酸解或酶解过程降低生产成本，从而作为原料用于生产各种化学品，比如造纸、纺织、医药、食品和精细化工等等。

木薯有危险吗？

木薯有那么多用处，但木薯也有不好的地方哦！木薯的根、茎、叶都含有有毒物质，而且新鲜块根毒性最大，所以没有煮熟的木薯千万不能吃，还有一种木薯是有毒的，只能用来当动物的饲料，在吃木薯的时候要确认是不是能吃。木薯含有的有毒物质是亚麻仁苦苷，如果摄入生的或未煮熟的木薯或喝其汤，亚麻仁苦苷或亚麻仁苦苷酶经胃酸水解后产生游离的氢氰酸，从而使人体中毒。

我们吃太多没有去皮或者去毒不完全的木薯，就会在胃肠道经水解后释放出氢氰酸，肠道将氢氰酸吸收后进入血液，氢氰酸在血液中与细胞的细胞色素氧化酶结合，使得组织细胞无法利用氧气，从而造成细胞内的窒息，使机体严重缺氧。同时，氢氰酸本身还可能损害呼吸中枢及运动中枢。轻度中毒的人一般会有恶心、呕吐、头痛、头昏、眼花、腹痛等症状，严重的话就会面色苍白、呼吸困难，四肢还会抽搐，也可能

会因为呼吸衰竭而死亡。一个人如果食用 150～300 克生木薯即可引起中毒，甚至死亡。所以，很多家长不让孩子们吃木薯，我们吃木薯的时候，也一定要注意，谨防因粗心造成的食物中毒。

小链接

木薯中毒应该如何治疗？

木薯中毒是因为其内含氢氰酸等物质而引起，中毒后的治疗方法主要有：

1. 催吐、洗胃、导泻。

2. 静脉输液、利尿。

3. 解毒治疗，首选亚硝酸戊酯、亚硝酸钠及硫代硫酸钠三种药物联合应用。

4. 对症治疗：吸氧，必要时输血、透析，抽搐时可用镇静剂。

预防木薯中毒是至关重要的，要求我们在平时生活的饮食中多加注意，不能因一时的疏忽大意给身体带来伤害，影响了身体健康，进而影响到你的幸福生活。

师生互动

学生：老师，木薯既然被称为"带刺的玫瑰"，那么，在吃的时候，我们需要注意一些什么呢？

老师：为防止木薯中毒，食用木薯前一定要去皮，再用清水浸薯肉，煮时将锅盖打开，使氰苷充分溶解。一般浸泡 6 天左右就可去除 70% 的氰苷，再加热煮熟，即可食用。

最好不要空腹吃木薯，一次也不能吃得太多，更不能生吃，幼儿及老弱孕妇也不宜吃。

换牙不要吃山楂

◎明明正处在长身体的阶段，妈妈买了很
 多山楂片给他吃，说是帮助消化。
◎明明每次去上学都随身携带。
◎明明上课的时候偷吃零食被老师发
 现了。
◎老师发现明明的零食都是山楂片，便语
 重心长地告诉他，像他这样处于换牙阶
 段的孩子是不能多吃山楂片的。

你现在处于换牙阶段，是不能多吃山楂片的。

糟了，被老师发现了。

山楂的传说

肯定有很多小朋友知道并且吃过山楂片，但你们一定不知道关于山楂的传说。

很久很久以前，山东境内有座驼山，山脚下有位姑娘叫石榴，石榴非常漂亮，而且心地善良，她爱上了一个名叫白荆的小伙子，白荆英俊

挺拔，人也很勤快，他也很爱石榴，他们两人同住在驼山下，日子过得有滋有味。

石榴的美貌给她带来爱情的同时也给她带来了不幸。皇上听说驼山下有位美若天仙的女子后，便命人去寻找，欲封她为妃。当受命的官员告诉皇帝石榴已心有所属的时候，皇帝就更加想要得到石榴了，于是，他又命人去找石榴，如果石榴不从，那就抢。

石榴无奈之下，告诉官员，自己母亲才离世，身为子女应当守孝三年，不贪儿女私情。最后，她跟官员约定，让皇上宽裕她100天的时间为母守孝，百天过后她就依了皇上。皇帝怕石榴逃跑，便安排她住在一个幽静的院落，还派人把守。

白荆知道后，悲愤不已，他追至南山，日夜伫立山巅守望，寸步不移，后来他竟然化为一棵小树。石榴终于逃了出来，但她找到的只有化身了的白荆，她悲痛欲绝，整天抱着小树痛苦不已，后来，她也化成了一棵小树，两人相守在一起。

后来，小树开花，并结出了鲜亮的小红果，人们叫它"石榴"。皇帝闻讯命人砍树，并下令不准叫"石榴"，叫"山渣"——山中渣滓，但人们喜爱刚强的石榴，即称她为"山楂"。

吃山楂有什么好处吗？

山楂片是一种很受欢迎的零食，有不少人在包里塞了山楂片，或者电脑桌前，电视机前都放有山楂片，既能解决嘴馋的问题，还能顺便补充一下营养，何乐而不为呢？

山楂对人体好处很多，它含有一种叫牡荆素的化合物，具有抗癌的作用。在胃液的 PH 条件下，山楂提取液能够消除合成亚硝胺的前体物质，不仅阻断亚硝胺的合成，还能抑制黄曲霉素的致癌作用。对于已经患有癌症的患者，如果出现消化不良时也可用山楂、大米一起煮粥食用，这样既可助消化，又可起到辅助抗癌的作用。

山楂含有的脂肪酶能增加胃消化酶的分泌，促进脂肪消化，对胃肠功能具有一定调节作用。所以很多人在吃了油腻食品之后，会选择吃一些山楂来解腻和促进消化。

临床研究已经证实了，山楂能通过增强心肌收缩力、增加心输出量、扩张冠状动脉血管、增加冠脉血流量、降低心肌耗氧量等起到强心和预防心绞痛的作用；山楂还能显著降低血清胆固醇及甘油三酯，有效防治动脉粥样硬化。患有高血脂、高血压及冠心病的患者要多吃点山楂，这样能够减少发病率。

此外，山楂还有抗菌的作用，对付志贺痢疾杆菌、宋内痢疾杆菌、

福氏痢疾杆菌、对变形杆菌、伤寒杆菌、金黄色葡萄球菌、乙型链球菌、炭疽杆菌、大肠杆菌、白喉杆菌、绿脓杆菌等等，都不成问题。

山楂食用禁忌

山楂是人们喜爱的果品，但在食用上也有很多禁忌，这取决于山楂的药用功效和营养成分，那么吃山楂究竟要注意哪些呢？

山楂不能和人参、柠檬同食。

山楂可促进胃酸的分泌，因此不宜空腹食用，食用后会引起胃痛，特别提醒部分女性，可别为了减肥过量食用山楂，尤其是胃肠功能弱的人，长期吃生山楂可形成胃结石，增加发生胃溃疡、胃出血甚至胃穿孔的风险。

山楂中的酸性物质对牙齿具有一定的腐蚀性，吃完后要注意及时漱口、刷牙。

山楂含有丰富的维生素 C，猪肝含有较多的铜、铁、锌等金属微

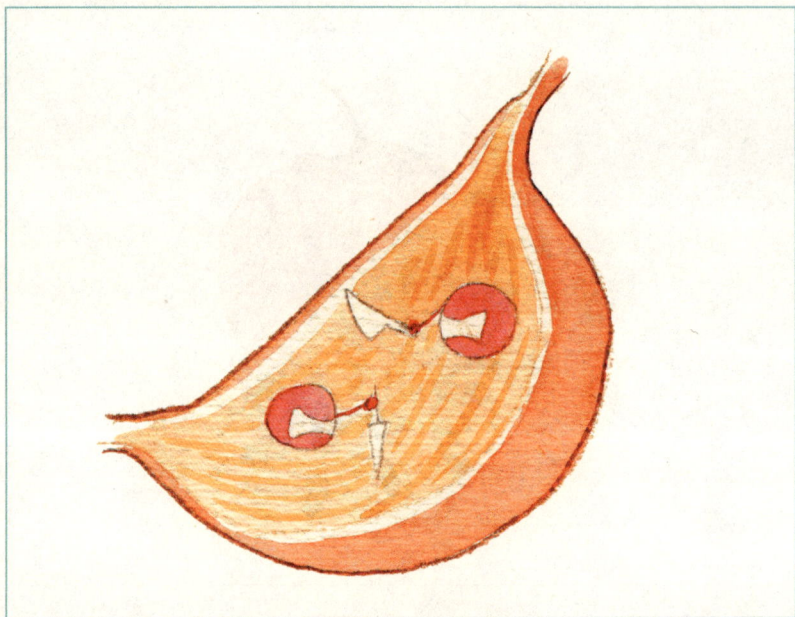

元素，两者合用会发生反应，使营养价值降低。

　　山楂含有较多的鞣酸，不应配和高蛋白的甲鱼、虾蟹和海鲜，否则鞣酸会与蛋白质凝固沉淀，形成不易消化的物质。

小链接

这些人不能吃山楂

　　平素脾胃虚弱者不能吃，因为山楂助消化只是促进消化液分泌，并不是通过健脾胃的功能来消化食物的。我们只知道山楂有促进消化的作用，却忽视了自己的脾胃能不能受得了，山楂促进消化液的分泌，过量了肯定会刺激到胃，对于脾胃虚弱

的人，是不能够吃山楂的。

有些中小学生尤其爱吃山楂片等山楂类食品，一些学生家长也误认为多吃山楂片有助消化，于是买很多山楂制品给孩子吃，这是不对的，要知道山楂只是促进消化液分泌增加，并不可以通过脾胃的功能来消化食物。

古代医学中就有记载："山楂破气，不宜多食。多食耗气，损齿。"意思是说山楂具有破气去积滞功效，平素脾胃虚弱的人不宜食用；儿童正处于牙齿更替时期，长时间贪食山楂或山楂片、山楂糕点，对牙齿生长不利。其实不只是山楂，还有一些水果也是如此，吃完后应该及时漱口、刷牙，以免水果残渣存留粘附在牙齿上，腐蚀牙齿，蛀牙多半是这么得来的。

师生互动

学生：山楂直接吃太酸了，能有什么方法让我们吃起来感觉不那么酸吗？

老师：提到山楂两个字，大家肯定会心里一凉：牙齿好酸啊！同时还会咽一下口水呢。如果直接吃山楂，估计没几个人能受得了。但是，把山楂做成各种美味的山楂茶来代替我们平时喝的白开水，那就好多啦！所以，不要为了考验我们的承受能力，故意直接吃生吃山楂哦！你的牙齿可能被酸掉，你的胃也承受不了的呢！

饭后不能吃水果

◎明明匆匆吃完晚饭就坐在电视机前。

◎明明一打开电视就拿起桌上的苹果。

◎妈妈看到每天晚上明明都是饭后吃水果，便阻止他。

◎明明不明白，后来经由妈妈耐心解释后，明明才知道，饭后吃水果有害身体健康！

饭后有苹果吃真好！

饭后吃水果是有害健康的！水果我拿走了！

为什么饭后不能吃水果？

我们的生活离不开各种各样的食物，而在日常食物中，主要的成分有脂肪、糖和蛋白质等，这些是我们机体能够正常运行不可或缺的。处在长身体时期的我们，当然要吃一些有营养的食物，水果更是不可缺少的。但是吃水果也是有讲究的，不是什么时候都可以吃，特别是刚吃饱

饭，更不应该马上吃！由于吸收和消化存在差别，食物在胃里滞留的时间不同，脂肪滞留的时间较长，一般是 5 ~ 6 小时，蛋白质食品约为 3 小时，而糖只有 1 小时左右。

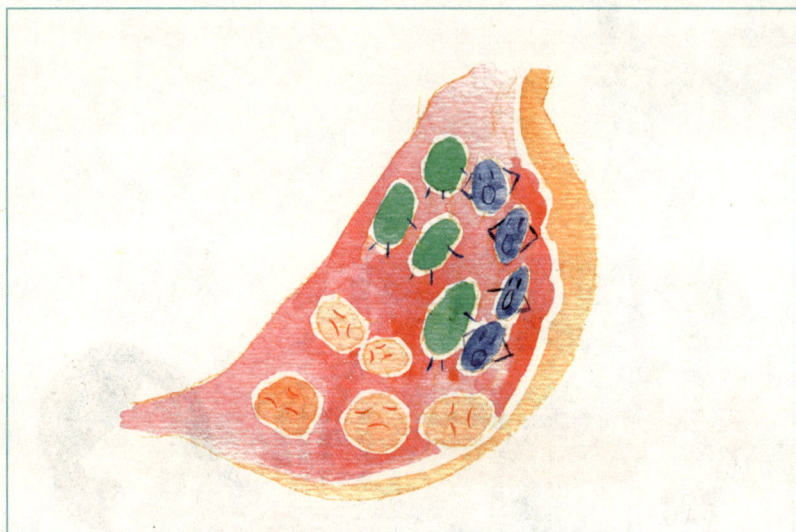

　　水果的主要成分是糖，在胃内的高温下会产生发酵反应甚至是腐败变化，我们进餐后，如果马上食用水果，就使得消化慢的淀粉、蛋白质、脂肪等影响消化快的水果。也就是说，饭后吃水果，肠胃首先要对进食的饭菜进行分解，然后进入小肠消化吸收，那么水果就被阻碍前进停滞在胃内，这样一来，水果在华氏 104 度高温之下腐败，会生成酒精及毒素，出现胀气、便秘等症状，给消化道带来不良影响。引起各种疾病，包括胃灼热、消化不良、肚痛等。

　　此外，水果中还含有类黄铜化合物，如果在胃里滞留时间过长，没能及时地进入小肠消化吸收，就很有可能经胃内的细菌作用转化为二羟苯甲酸，而摄入的蔬菜（蔬菜食品）中含有硫氰酸盐，在这两种化学物质作用下，干扰甲状腺功能，可导致非碘性甲状腺肿。

因此，饭后不能马上吃水果。

水果应该在什么时候吃？

每天吃一些水果对身体是很有好处的，但水果应该在什么时候吃才科学呢？

水果中许多成分均是水溶性的，吃饭之前吃一个水果，将有利于身体必需营养素的吸收，时间尽可能在饭前 1 小时，或者饭后 2 小时，柿子不宜空腹吃。

值得注意的是，如果吃了肠类熟制食品，再吃一些橘子、柠檬反而对人体有益，因为熟食制品中有些含有亚硝酸钠作防腐剂，而橘子等含有丰富的维生素 C，可有效抑制亚硝酸钠的合成，有利人体健康。但

是，如果吃了鱼、虾后就不能马上吃葡萄或者其他酸性水果了，因为鱼、虾等含有高蛋白和钙等物质，与含有鞣酸的水果一起进入胃里，容易形成不易消化的物质，引起胃肠不适。

另外，不要在晚上睡觉前吃水果，人在睡觉的时候，身体各个器官也得到相应的休息，如果睡前吃水果，那么肠胃必然要蠕动，吸收和消化，这不仅对你的睡眠质量造成影响，同时也会影响到你的健康。所以，千万不要以为吃水果是件小事而忽视它，应该尽可能培养出真正对健康有益的生活习惯。

吃水果需要注意哪些？

有些小朋友偏食，不喜欢吃蔬菜，就觉得我只要多吃水果就好了，水果也很有营养啊，干吗还要吃蔬菜呢？这种想法是不对的。水果含有丰富的维生素和矿物质，为人体提供营养和能量，而且水果含有有机酸和芳香物质，在促进食欲、帮助营养物质吸收方面具有重要作用，但水果矿物质等含量远远小于蔬菜，但是只靠水果绝对不足以提供足够的营养素，所以，不可以用水果代替蔬菜，有挑食或者偏食习惯的人，最好马上改过来哦！

水果中糖分的含量很高，往往在 80% 以上，而且是容易消化的单糖和双糖，很多人误以为水果所含热量低，吃水果减肥，这是错误的。

还有的人吃水果代替正餐，这也是不可取的。人体共需要将近 50 种营养物质才能维持生存，特别是每天需要 65 克以上的脂肪，才能维持机体的正常运行。水果含糖量丰富，但蛋白质的含量却不足 1%，而且几乎不含人体必需的脂肪酸，忽视正餐只吃水果，远远不能满足人体的营养需要，所以水果好吃但不能多吃，更不能以此代替正餐。此外，过量食用水果，会使人体缺铜，从而导致血液中胆固醇增高，引起冠心病。

吃水果后应该及时漱口，因为水果中含有多种发酵糖类物质，对牙

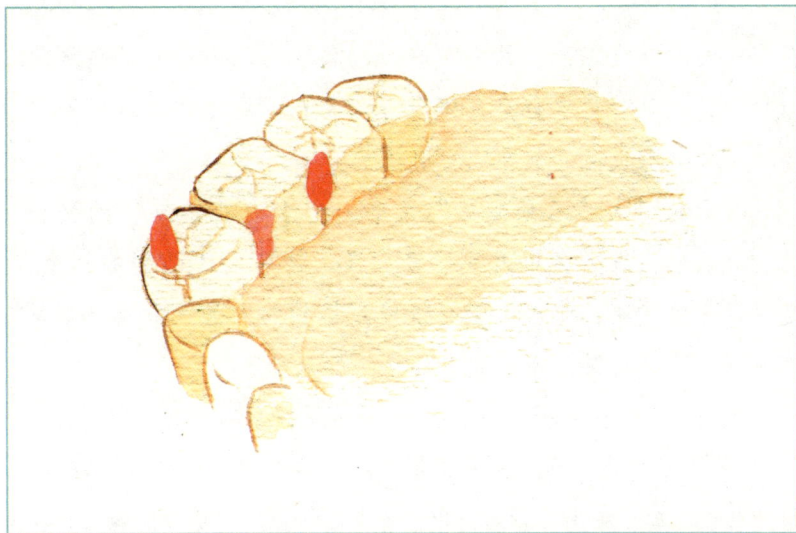

齿有较强的腐蚀性，如果吃完水果后不漱口，水果残渣会滞留在口中，粘附在牙齿里造成龋齿。

小链接

这些水果应该多吃！

我们知道，多吃水果能够补充营养，有利于身体健康，但是水果的种类很多，有些是热气水果，并不适合多吃，那么哪些水果可以多吃呢？

心情烦躁的人应该吃香蕉。香蕉能增加大脑中使人愉悦的5—羟色胺物质的含量，而抑郁症患者脑中5—羟色胺的含量就比常人要少，所以香蕉能帮助内心软弱、多愁善感的人驱散悲观、烦躁的情绪，保持平和、快乐的心情。香蕉内含有丰富的糖和纤维物质，有利于消化和通便等功效。但是千万要记得不能在空腹的时候吃香蕉，因为空腹时，胃肠内几乎没有可供消化的食物，此时若是吃香蕉，将会加快肠胃的运动，促进血液循环，增加心脏负荷，易导致心肌梗塞。

柚子有"天然水果罐头"之称，它含有非常丰富的蛋白质、有机酸、维生素以及钙、磷、镁、钠等人体必需的元素，是保证人体健康，使心血管系统健康运转的水果。中秋节赏月的时候，除了月饼，不可缺少的食物就是柚子了。

梨是令人生机勃勃、精力十足的水果，它富含维生素a、b、c、d、e和微量元素碘，水分充足，能维持细胞组织的健康状态，帮助器官排毒、净化，还能软化血管，促使血液将更多的钙质运送到骨骼。但梨性寒，吃太多会伤阳气，所以，身体阳虚、畏寒肢冷者、腹胃虚弱者、产妇不宜多吃或者最好不吃。

师生互动

学生：苹果是我们比较常吃的一种水果，在吃苹果的时候，有什么需要注意的地方吗？

老师：苹果味道酸甜鲜美，营养丰富，食用方便，还能治疗多种疾病，深受人们的喜爱，但我们不能因此就过量食用甚至暴食。因为苹果中含有大量的糖类和钾盐，每百克苹果含100毫克钾，而钠含量仅为14毫克，钾与钠比例过于悬殊，摄入过多不利于心脏、肾脏健康，特别会加重冠心病、心肌梗塞、肾炎、糖尿病病人的心脏和肾脏的负担，影响他们的身体健康。因此，苹果虽好吃，却不能吃太多，最好每天控制在2个以内。

杏仁的另一面

◎ 小明今天又被同桌取笑了，他很不开心。

◎ 为此，小明跟同桌吵了一架，最后他伤心地哭了。

◎ 回到家，妈妈发现小明闷闷不乐，便询问原因，妈妈知道后立马说要给小明买补品，什么核桃杏仁一大堆。

杏仁能当零食吃吗

　　杏仁是一种神奇的种子，跟核桃一样，很多人都喜欢吃杏仁。跟核桃不同的是，杏仁是数世纪以来厨房中馅饼的最流行成分。八月十五我们吃的月饼，其中就有杏仁馅的，相信很多人都吃过，味道很不错吧？

杏仁是健康食品，吃了对人体的好处很多，很多人把杏仁当成零食，也有的人把它当成菜肴，我们来看看他们是怎么吃杏仁的吧！

日本青少年喜欢把杏仁片和沙丁鱼干混着吃，他们认为这么吃有营养，因为大杏仁富含蛋白质和钙质，有利成长。如果你感兴趣的话，也可以试试哦！

很多素食者喜欢把杏仁作为菜肴，这是因为杏仁可补充蛋白质和重要的矿物质，例如铁、锌，以及维生素 E 等，既满足了他们吃素的心理，又补充了人体需要的营养成分，可谓一举两得。

减肥的人把杏仁作为零食，这是因为杏仁富含不致发胖的单不饱和脂肪酸，而饱和脂肪酸含量非常少，吃了让人有饱的感觉，但又不像其他高热量食物一样让人发胖。另外，杏仁的细胞壁还会阻碍脂肪酶接触脂肪，从而减少对脂肪的消化吸收，对于想要减肥的人来说，最适合不过了。

杏仁还具有补充能量的特性，运动员经常把杏仁作为训练食品。

杏仁的营养价值在哪里？

一些家长为了让孩子变得聪明些，就买核桃给他们吃，因为核桃有健脑、利智的作用。那么吃杏仁有什么好处呢？

杏仁的营养价值和食疗功效很高，这是人们喜爱杏仁的重要原因。杏仁中含蛋白质 27%、脂肪 53%、碳水化合物 11%，每百克杏仁中含钙 111 毫克，磷 385 毫克，铁 70 毫克，适当食用杏仁可以提高人体的免疫力，不仅如此，吃杏仁还有很多好处呢！

杏仁是天赐抗癌大药！这虽然是民间的传说，但在我国新疆有个叫

做和田的长寿区，那里的人们是以杏仁为主要食物的，老人们几乎都能活到90多岁，而且癌症的发病率为零！这多少是和杏仁有关系的。杏仁里含有天然的抗癌活性物质，它只对癌细胞发生毒性作用，能够杀死癌细胞和抑制癌细胞的繁殖，对正常和健康细胞却没有危害，人们将称它为"抗癌之果"。

吃杏仁对心脏有利。杏仁富含单不饱和脂肪酸和维生素E，对控制甚至降低血液中的胆固醇含量非常有利，并具它们有抗氧化功能，有利于预防心脏健康以及糖尿病等。科学家做过研究，每天至少吃5枚杏仁的人，心脏病或冠心病发作的危险性会降低一半！

苦杏仁油还有驱虫、杀菌作用，对蛔虫、蚯蚓有杀死作用，对伤寒、副伤寒杆菌有抗菌作用。

所以，即使你不喜欢吃杏仁，也不要拒绝所有杏仁制品哦！

苦杏仁有毒！

首先，我们要了解，日常生活中所食用的杏仁基本上都是甜杏仁，还有一种杏仁，叫苦杏仁。苦杏仁有毒，但甜杏仁吃多了，照样会中毒。在许多国家，出售没有经过加工去除其毒素的杏仁是非法的。

苦杏仁中含有有毒物质——氢氰酸，且含量极高，100克苦杏仁就能分解释放氢氰酸100～250毫克，而60毫克的氢氰酸便能够使人丧命，所以吃苦杏仁是很危险的。

我们吃了太多的合仁，会使杏仁中的苦仁甙经酶或酸水解释放出氢氰酸与苯甲酸。氢氰酸与组织细胞含铁呼吸酶结合，呼吸酶递送氧受阻，从而使组织细胞窒息，严重的话会抑制延髓中枢，导致呼吸麻痹，甚至死亡。氢氰酸的毒性大，有些小朋友出于好奇或者失误吃一枚也会中毒的。所以，吃杏仁之前要确认是甜杏仁还是苦杏仁，也不能因为杏仁有营养而吃太多。

如果你吃到了苦杏仁，一个小时就会出现中毒症状，主要表现为神经中毒，轻者表现为呕吐、恶心、头痛、全身乏力、面色青灰等；重者会导致呼吸功能衰竭，甚至死亡！

只要将每天吃杏仁的量控制在合理范围内，杏仁对人体还是非常有利的。但不能食用过量，也不能食用没有经过加工的苦杏仁，一旦出现中毒症状，应该及时送到医院，以免出现食物中毒事故。

小链接

长寿的道士

明代的时候，就有一位道士，他活到150多岁。他不像其他老人，患有老年痴呆，他的思维还是很敏捷，身轻体健。当时，

很多人向他讨要长寿的秘诀，他说每天7枚杏仁，坚持食用，必获大益。翰林辛士逊就按道士的说法，每天都吃杏仁，直到老年，他的身子依然硬朗，并且活了很久。

杏仁好处很多，但也有食用禁忌。要记得，骨折的人不要吃杏仁，因为杏仁中含有大量的草酸，草酸在人体内遇到钙时，产生草酸钙，这种物质不但阻止食物中的钙被吸收和利用，而且还使骨骼中的钙发生溶解，使患者更加缺钙，从而影响骨折愈合。

如果你不小心吃了苦杏仁，出现恶心、呕吐等不适症状时，可以用刮去粗皮的杏树皮煎服，梅子汁也能够解这种轻度中毒。

师生互动

学生：老师，吃杏仁还有什么需要注意的吗？

老师：杏仁好吃，而且营养丰富，但是吃杏仁时也有一些禁忌。比如：要注意杏仁跟栗子同吃会使人胃痛；不要与猪肺一起吃，不利于蛋白质的吸收；也不要在吃了杏仁之后吃狗肉，这样会产生对人体有害的物质。

简朴的腌菜

◎外婆从乡下带来了一些腌菜。明明没见过，好奇地拿起来放在口中。

◎还没来得及嚼，明明就吐掉了。

◎外婆和妈妈哈哈大笑，原来，外婆带来的这个腌菜不能直接吃呢。

◎满足了明明的好奇心后，明明终于吃上这传说中的腌菜了，味道还不错

> 哈哈！外婆带来的腌菜不能直接吃呢！要炒来吃。

> 这菜味道真奇怪！

腌菜是怎么来的

　　蔬菜腌制是一种古老的蔬菜加工贮藏方法，不论在我国还是外国都有着悠久的历史。

　　腌菜很久以前就有了，不过最开始的时候不是因为人们喜欢吃，而是不得已的一种蔬菜储存方式，不过发展到现在，冰箱、冰窖、保鲜剂

等等都有了，储存起来很方便，而且随着科技发达，越季、越地区的蔬菜越来越多，人们再也不担心冬天没有青菜吃了！南方人也能吃到北方的甜菜，而南方的蔬菜在短短几个小时内就能运到全国各地。可是，这些对落后的古代人来说，简直是不可能的。所以，他们在没有电，交通不发达的条件下，用自己的智慧想出了这种腌制储存蔬菜的方法。丰收的蔬菜如果不尽快吃完就会烂掉了。

　　要是能让蔬菜跨越季节，贮存起来，留到冬天吃，该多好呀！这是古时候人们的普遍心愿。最终，一位很聪明的农妇解决了这个问题。她家有个地窖，平时都是贮藏一些土豆、红薯什么的，这些是整个冬天的食物，她把剩下的蔬菜洗干净，然后放到阳光下暴晒，再洒了一把盐，然后装进坛子里，放进窖子储藏起来。冬天到了，家里没什么菜了，她想起以前放在坛子里的蔬菜，便到地窖找到那些坛子。但她打开坛子一看，发现蔬菜已经变成黄色，放在口中尝了一下，没想到味道还不错，便没有丢掉，拿回家洗了洗，炒好后美味极了！就这样一传十，十传

百，腌菜就流行开来，成为农家抵御寒冬的必备之物。

发展到现在，腌菜已经成为普通老百姓的拿手活，也是很多人餐桌上的家常菜，但腌菜已经不再是为了贮藏，也不是为了解决温饱，而是为了调节口味，有的还成为地方的特色美食。

腌菜应该怎么吃？

腌菜是一种开胃的大众食品，它不仅能够增进食欲，而且还具有助消化、消油腻、调节脾胃等作用，很多人都喜欢吃，甚至有的人特地去买来蔬菜，专门做成腌菜，然后时不时拿出来吃，这应该是时下比较流行的方式吧，不过在菜市场或者超市也有卖，有人觉得自己做麻烦，就直接买现成的，不管怎样，腌菜受到人们的欢迎是毋庸置疑的。腌菜的吃法有三种：

一种是比较原始的，就是从坛子里挖出来就吃，原汁原味，醇香爽口。

一种是炒着吃。腌菜炒的时候，最好放上小许其他东西，如小鱼虾，鸡蛋，肉片。这种吃法，味道是最好的，最受大家欢迎。

一种是蒸，把腌菜盛在碗里，放上一点油，然后放进锅里，放在饭面上，饭熟了，腌菜也蒸好了，省工省力。

腌菜也会危害到人体的健康

我们知道，一种食物放久了之后，会被细菌腐蚀，产生有害物质，腌菜也是一样的。腌制食品中有安全问题的主要是腌制的蔬菜，尤其是短期腌制蔬菜，也就是所谓的"暴腌菜"。

腌菜，密封后能保存很长的时间，而且长时间腌制的蔬菜味道更醇正，但是短期的腌菜就不同了，为了能够在短时间内制成腌菜的味道，

新鲜白菜

腌制第五天

腌制第十天

腌制第二十天

腌制一个月以
后方可食用

就需要添加一些东西，这些会产生有害物质，吃了后会伤害身体健康。而且腌菜含有硝酸铵和致癌物，如果制作方法不当，久吃就会致病。

亚硝酸盐来自于蔬菜中含量较高的硝酸盐，蔬菜吸收氮肥或土壤中的氮素，积累无毒的硝酸盐。在腌制过程中硝酸盐被一些细菌转变成有毒的亚硝酸盐，从而带来了麻烦。但是，亚硝酸盐在腌制的过程中被细菌利用或者分解，当浓度达到一个高峰之后又会逐渐下降，直到基本消失。

一般来说，腌菜中的亚硝酸盐浓度最高是在腌制后的半个月内，也就是说，在这半个月内，如果吃腌菜的话，比较危险，过了这个高峰期，就可以放心食用了。为此，我国北方地区腌咸菜、酸菜的时间通常需要在一个月以上，南方地区腌酸菜、泡菜也要 20 天以上，这就是为了达到一定时间段后，亚硝酸盐的含量下降，直至安全。腌制时间超过一个月的蔬菜是可以放心食用的，特别值得注意的是腌制时间只有几天十几天的蔬菜，最好不要吃。

小链接

腌菜有两种制作方法

腌菜的原料多以萝卜、豇豆、茄子、大蒜、藠头、生姜、辣椒等为主，原料不一样，味道也不同，密封的腌菜能贮藏很久，长达一年都不会变质。那么，这些食材应该如何腌制呢？

方法有两种：

简单而直接的方法是干腌，首先将青菜洗净剁细晒干，放进坛子里密封就成；

相对来说，另外一种汤腌就比较复杂，先将青菜洗净用开水烫熟，然后切成约 3 厘米长一截放进坛子里，再掺入淘米水或米汤，腌制一段时间，等到腌菜和汤水变酸才行。

有位老人曾经说过，脾气火暴的人腌制出来的菜是有些酸味的，相反，性格温和的人腌制的菜就没那么好吃了。当然，这没有什么科学依据，但可以说明的是，腌菜腌得好的话，是偏向于酸甜的，那才好吃。

师生互动

学生：老师，在制作腌菜的时候，都需要注意些什么呢？

老师：制作腌菜时，你需要注意这些细节：为减少腐败细菌的作用，应选择新鲜的蔬菜；腌前需把蔬菜表面的水分晾晒干；装坛时要装满，并且注意密封；加足够量的食盐，并保证足够的腌制时间；食用前最好用开水浸泡，这样可以溶解部分亚硝酸盐，又可将腌菜泡发，让腌菜更美味。

有毒的鸡肉

◎明明知道晚上有鸡肉吃，他很高兴。

◎在妈妈准备晚饭的时候，明明很雀跃地跟在她身后。

◎看着妈妈熟练地将鸡肉切好，然后放入锅里，明明想帮忙，但妈妈拒绝了。

◎明明很想跟妈妈学做菜，但妈妈不让，说做菜看似简单，但一不小心就会引起食物中毒的。

你为什么爱吃鸡肉?

　　鸡肉对大家来说肯定不陌生,没有吃过鸡肉的人,应该还没出生吧?鸡肉之所以成为人们喜爱的食物,不仅因为鸡肉本身很美味,还因为鸡肉的营养价值很高。根据营养学家的测定,每100克鸡肉中的蛋白质含量为21.5克,鸡肉还含有铁、磷、钙等丰富的营养元素,以及维

生素 B、维生素 B2、维生素 E、尼克酸等等，特别是鸡肝中维生素 A 的含量，约为猪肝的 3 ~ 4 倍！

　　如果有人生病了，为了补充营养，让病好得更快些，他妈妈通常给他熬鸡肉汤，不要因为我们经常能吃到鸡肉，就忽视了它的营养价值哦！鸡肉还有"济世良药"的美称呢！

　　我们长身体的时候，需要充足的营养，鸡肉中所含的磷脂类能够促进人体的生长发育，而且鸡肉蛋白质的含量比例较高，种类也多，还很容易消化和被人体吸收利用，有增强体力、强壮身体的作用。只有营养均衡，才能长得高，长得快，所以千万不能挑食哦！

　　有的人喜欢吃鸡腿，有的人喜欢吃鸡翅，有的人喜欢吃鸡爪，不同的部位，它所含的营养元素都是有一定差别的，比如大腿肉中含有较多的铁质，能够改善缺铁性贫血；鸡胸脯肉中含有较多的 B 族维生素，具有消除疲劳、保护皮肤的作用；翅膀肉中含有丰富的骨胶原蛋白，具有强化血管、肌肉、肌腱的功能。

　　鸡肉有温中益气、补虚填精、健脾胃、活血脉、强筋骨的功效。另外，鸡肉对营养不良、畏寒怕冷、乏力疲劳、月经不调、贫血、虚弱等症状有很好的食疗作用。

生活中的脏鸡肉

　　生鸡肉是"声名狼藉"的沙门氏菌和弯曲杆菌携带者，所以最大的风险因素不是吃鸡肉，而是在煮的过程中，鸡肉与其他食物交叉感染，一不小心就很可能给人体健康带来一定的影响。我们赞美鸡肉美味，但往往忽略了下厨人的辛苦，为了一道营养又美味的菜肴，我们的爸爸妈妈要忙碌很久。

鸡肉从挑选到蒸煮，看似简单，但也需要下一定的功夫。首先，我们要鉴别出好的鸡肉，新鲜的鸡肉肉质紧密排列，颜色呈干净的粉红色并且有光泽，它的皮是米色的，毛囊突出。如果是生鸡，在处理的时候要特别小心，切过鸡肉后应立即洗干净刀、菜板、灶台和你的手，避免鸡肉中的细菌传播到其他食品上。

鸡肉在肉类食品中是比较容易变质的，所以如果不是直接煮的话，要马上放进冰箱里，可以在稍微迟一些的时候或第二天食用。剩下的鸡肉不要生着保存，应该煮熟之后再保存。

如果对生鸡肉处理不当，被弯曲杆菌感染或者是被沙门氏菌感染，一不小心食用，就很有可能造成食物中毒，为了避免这种情况的出现，在将生鸡肉买回之后，先用清水泡一下，而不是直接将其放在烤碟里。

吃鸡肉小心有陷阱

鸡肉营养又好吃，但并不是人人都适合吃鸡肉进补。哪些人不适合吃鸡肉呢？

尿毒症患者不能吃鸡肉，因为鸡肉中含有丰富的蛋白质，食用鸡肉会加重肾脏的负担，从而引起病情恶化。

感冒发热、痰湿偏重、内火偏旺的人和患有肥胖症、高血压、血脂偏高、胆囊炎、胆石症的人不能吃鸡肉，如果这类人吃了鸡肉，很可能会刺激到胆囊，引起胆绞痛发作。

痛风症病人不适合喝鸡汤，因鸡汤中含有很高的嘌呤，会使病情加重。

鸡肉鸡汤中含脂肪较多，会使血液中胆固醇进一步升高，引起动脉硬化，冠心病，使血压持续升高，对病情不利。

鸡屁股是淋巴最集中的地方，也是储存细菌、病毒和致癌物的仓库，应弃掉不要。但也有人喜欢吃鸡屁股，在一些地方还形象称它为

"凤尾"，其实鸡屁股不是不能吃，而是在处理的时候稍微注意，那就没有问题啦！

小链接

叫花鸡的传说

相传在明末清初时期，江苏常熟的虞山一带有个叫花子，他家境贫寒，又没有自己的土地，只能靠行乞维生，有时一天难以讨到一碗剩饭，只得忍饥挨饿。

有一天，他和往常一样出去乞食，运气还不错，他遇到了一位好心肠的老太太，除了给他一些充饥的饭菜之外，还送他一只老母鸡。他高兴之余就犯愁了，原因是他家徒四壁，除了手中的饭碗，就没有别的了，他怎么才能把一只生鸡煮熟呢？他想了很久，最终还是没有想出个所以然来。

突然，他灵机一动，跑到隔壁去借来一把刀，把母鸡宰杀之后，就到后山挖了些黄泥来，先是用荷叶将鸡包好，接着将黄泥把整只鸡糊了个遍，然后放入旺火中烧焖，等到黄泥烧干，他才从火堆中将其取出，然后朝地上一摔，黄泥应声破裂，顿时香气四溢，叫花子狼吞虎咽地吃起来。

这时，明朝大学士钱牧斋散步路过此处，闻到鸡的香味，忍不住向前打听一番，叫花子大方地取一块鸡腿肉递给钱牧斋，钱牧斋品尝后，连连叫好。回到家中，他令家厨按叫叫花子所说的方法再做一遍，他想尝试将味道调得更好些，于是命人在鸡肚子里加进肉丁、蒜末、虾仁及香料等各种调味品，味

道自然比叫花子的鸡更鲜美，为了纪念这种做法的由来，他取名叫"叫花鸡"。后来，家里来客人的时候，钱牧斋就让下人做叫花鸡，以此款待来客。有一天，江南来的柳如是来到钱家，吃完饭后，钱牧斋问柳如是："叫花鸡味道怎么样？"柳如是答道："太棒了！我宁愿终身吃这叫花鸡，也不要吃一天松江的鱼。"

师生互动

学生：生活中，有什么食物会与鸡肉相克？

老师：鸡肉不能和野鸡、兔肉、鲤鱼、甲鱼、鲫鱼、虾以及葱蒜等一起吃，这些食物相克，体质不好的人吃后容易引起身体不适。鸡肉如果和芥末一起吃会上火；与芝麻、菊花同食容易中毒；与李子、兔肉同食，会导致腹泻。所以吃鸡肉的时候，就尽量避免同食上面的食物啦！

这绿东西是啥

◎ 这天小明爸妈还有半个小时才下班，小明很饿了，他来到厨房，倒腾很久后他在冰箱底发现了两个土豆。

◎ 小明把土豆煮熟，再放调料，饱饱吃了一顿。

◎ 半个小时候，小明开始肚子疼，呕吐，并且越来越严重，冷汗直流。

> 明明会这样，主要是因为吃了绿色的土豆。

万能的土豆

　　土豆，就是那个叫马铃薯的东西啦，它的营养价值可高了，就拿维生素含量来说，它是胡萝卜的两倍、大白菜的三倍、西红柿的四倍，维生素 C 含量更是蔬菜之最哦！不光如此，土豆还含有大量的优质淀粉和木质素，占其营养价值的五分之一还多，这些营养物质都是人类所必

不可少的。加上土豆的种植对环境的要求并不高，所以高原丘陵地带生活的人们好多都把土豆当成主食。还因为此，人们给土豆取了个好玩的名字——第二面包。

以土豆为原材料制作而成的淀粉又叫土豆粉，土豆粉被人体吸收的

速度并不快，所以它理所当然地成为了糖尿病患者的理想食疗蔬菜；土豆中钾的含量极高，有数据表明，每周能吃上五六个土豆，患中风的几率就会下降40％，对调节消化不良也有特别好的效果；因为土豆中含有大量的优质维生素，在肠道内可以供给肠道微生物大量营养，促进肠道微生物的生长和发育；土豆还能防止神经性脱发，方法很简单：用新鲜土豆片反复涂擦脱发的部位，对头发再生就会有明显的效果。当然，土豆的好处不只这些，比如，它还能促进肠道蠕动，保持肠道水分，同时预防便秘和防止癌症等。

介于这么多的好处，而且物美价廉，土豆理所当然就是我们生活中最受欢迎的家常菜之一了，相信好多小朋友都可以自豪地说：我就是吃着土豆长大的！土豆可以用几乎所有的烹饪方法做菜：煎、炒、烹、炸、烧、煮、炖、扒……在材质上也可以说是百搭，可以搭配出数十上百个菜来。肯德基麦当劳的油炸"薯条"以及用"膨化"方法做出来的"土豆片"更是大家的最爱。

然而，美味的诱惑下，却一定要注意变绿了的土豆，那东西可是有剧毒的哦！

绿色土豆吃不得！

我们前面提到，土豆已然成为了家庭餐桌上最常食用的蔬菜之一，而且同大米相比，土豆产生的热量比较低，如果每天坚持一餐只吃土豆，还可以去除多余的脂肪，对减肥可是大有功效哦！

但是，但是！土豆的藤蔓却是含有有毒成分茄碱——龙葵素，幸运的是，成熟不带藤蔓的土豆的茄碱含量极低，几乎可以忽略不计。而变青、腐烂以及发芽了的土豆，就是冒出了点嫩绿色小芽的那种，毒素就会增加数百倍之多。一颗一百克的普通不带藤蔓没发芽的土豆，龙葵素含量不足十毫克，而变青、腐烂以及发芽的土豆中，龙葵素的含量可增加五十倍甚至更多。

龙葵素因为大量存在于土豆中，所以又叫马铃薯毒素，是一种有毒的糖苷生物碱。吃极少量的龙葵素对人体并没有明显的害处，但是如果一次性食入200毫克龙葵素（大约30克已经变青、发芽的土豆），大约经过半个小时到三个小时就可能发病，常见的症状有胃部灼痛，舌、咽麻，恶心，呕吐，腹痛，腹泻，如果食入更多，则症状会更严重，严重中毒者则可能出现体温升高，头痛，昏迷，出汗，心悸等，甚至会因为呼吸麻痹而休克并导致死亡。

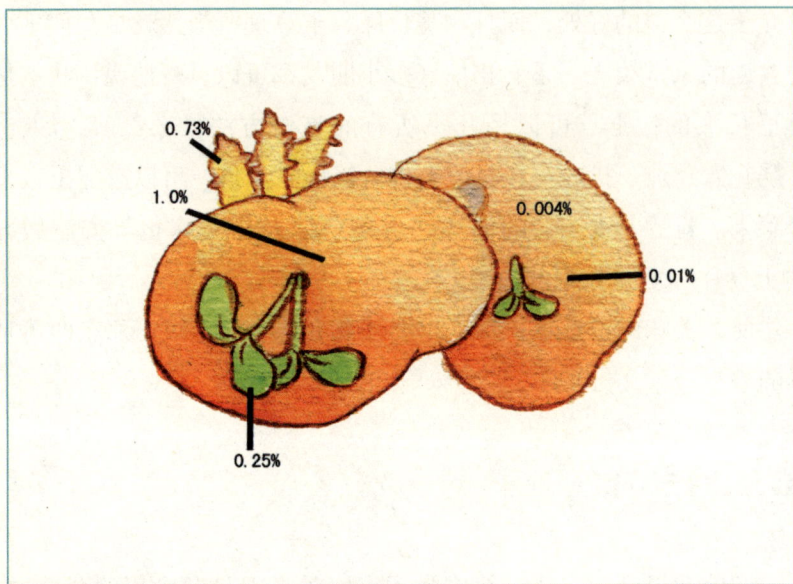

所以，大家在挑选和烹饪土豆的时候，一定要注意，变青的、发芽的以及烂掉的土豆，坚决不能食用，否则会造成严重的食物中毒！

土豆这样放最安全

虽然买回家的土豆不需要很细心地保存，但是土豆也有些忌讳的存放方式，列举出来供大家参考：

1. 忌暴晒：晒干的东西才保存得久，很多人都这么觉得，这也是符合常理的，但土豆除外。土豆喜凉，不适合暴晒，有的人为了晾干皮在太阳下暴晒，结果使其变质霉烂或变绿，不能食用。正确的方法应该是避免阳光直射，把土豆晾在背阴通风处，然后用通气的袋子把它装起来放在干燥处。

2. 忌杂居：鲜菜不易保存，易霉坏，而保存土豆需要干燥的空气，所以不能跟鲜菜存放在一起，特别是不能与红薯存放在一起。否则，不

这样放我最安全。

是红薯僵心，便是土豆长芽。

3. 忌水多：收获前 7 天要停止浇水以减少含水量，促使土豆皮老化，以利于及早进入休眠状态。

4. 忌高温：温度过高会使土豆会生芽或腐烂，温度过低土豆易冻伤不能食用。因此，存放土豆的时候不能堆积在一起，影响土豆呼吸。

5. 忌潮湿：土豆属鲜菜，湿度过大，通气不良会霉烂。所以保存的时候要注意保持周围环境的干燥，最好是放在沙子上，利于土豆呼吸。

小链接

预防龙葵素中毒，应该这样吃土豆

未成熟的土豆，特别是青皮的土豆坚决不吃，直接扔掉。

科学原来如此 　135

彻底清除土豆上已稍有发芽、发青的部位及腐烂部分，如果发绿的现象比较严重，可以直接丢掉。

烹饪土豆一定要烧酥、烧透，利用长时间的高温，起到部分分解龙葵素的作用。

龙葵素具有弱碱性的特点，利用醋的酸性作用来分解龙葵素，在烧土豆时加入适量米醋，可起解毒作用。

土豆皮中龙葵素的含量更高，所以土豆一定要削皮，然后将去皮后的土豆切成小块，在冷水中浸半小时以上，使残存的龙葵素溶解在水中。

师生互动

学生：听说土豆的品种很多，到底有多少个品种？这些品种又有些什么样的特点？

老师：土豆在原产地时就有几百个品种，后来世界各地又不断培养出了很多新品种，今天，全世界已经有几千个不同的品种了。人们根据不同用途培养出好多种不同的土豆，比如按花色分，可分为白的、红的、紫的；按形状分：有圆形的、卵形的和椭圆形的等；当然从实用性的角度来看，大致分成两种：有的淀粉含量高，适合用来当作主食；有的口感更好，适合当蔬菜食用。

致命的青菜

◎ 吃饭的时候，小明对着一桌子菜挑挑
　拣拣。

◎ 好不容易夹道一块肉，明明大口吃
　起来。

◎ 妈妈发现小明除了肉，几乎不吃素，他
　特别讨厌吃青菜，怎么劝也不听。

◎ 爸爸也加入了劝小明吃青菜的行列，但
　小明振振有词：小胖说青菜有毒，不
　能吃。

要多吃青菜

父母喜欢唠叨，在饭桌上更是如此，"多吃青菜"应该是我们听得最多的话，其实父母这么说也是有原因的。青菜是含有维生素和矿物质最丰富的蔬菜之一，富含钙、磷、烟酸、维生素 B1、维生素 B6、泛酸、硒等，可增强机体免疫力，可防止形成胆固醇，延缓衰老。但是很

多小朋友不喜欢吃青菜，这个习惯很不好哦！为什么？

　　首先我们应该多了解青菜，让每个小朋友远离挑食，爱吃青菜！

　　青菜是绿叶蔬菜中最普通的一种，各地都有栽培，在南方，菜市里四季都摆着绿油油的，嫩嫩的青菜。

　　青菜成为人们不可缺少的家常菜之一，这与它的营养价值有关。青菜能为人体提供营养，科学家说了，一个成年人如果每天吃 500 克青菜，就能满足人体所需的维生素、胡萝卜素、钙、铁等等，保证你一天精神饱满，精力充沛！青菜为人体正常生理需求提供物质条件，增强机体机能，提高人的自身免疫力，所以千万不能挑食哦！

　　青菜中含有大量的粗纤维，在人体内与脂肪结合后，能够防止胆固醇形成。胆酸是胆固醇的代谢物，只有正常排出体外，才能减少动脉粥样硬化的形成，从而保持血管的弹性。由此可见，常吃青菜，益处多多。

　　此外，青菜还能防癌抗癌。一种名叫"透明质酸抑制物"的抗癌

物质就是青菜中的维生素 C 在体内形成的，它使得癌细胞丧失活力。青菜还能促进大肠蠕动，增加毒素排出，缩短粪便在肠腔停留的时间，从而治疗多种便秘，预防肠道肿瘤。可别轻视一颗小小的青菜，它可是人体健康最忠实可靠的守护者！

青菜有利也有害

现在很多人都很容易生病，光是看病就已经够呛了。身体不好，不管做什么事情都有点力不从心，包括学习也一样，精神涣散，注意力不集中等等，这些通常是身子给我们发出的危险信号——你的身体需要补充营养

了！因为生活形态的关系，我们没有办法每天都吃到足够的纤维，营养也就失衡啦，还有人还特别不爱吃青菜，长期下来胃肠负担加重，体重越来越重，各种慢性病袭身而来，不要等到生病了才知道要补充营养哦！

绝大部分蔬菜含有较多的纤维素，可以增加胃肠道的蠕动和消化液的分泌，使粪便容易排出。而且蔬菜类含水分多，是维生素和无机盐的主要来源。因此，蔬菜是平衡膳食中的重要组成部分，是必不可少的。

吃青菜有益于身体健康，但摄入过多的蔬菜对身体也有害哦，所以大人们才讲究荤素搭配，而不是只单方面讲究荤或者素。

那么，如果荤素搭配不当，摄入太多青菜会有哪些危害呢？

一些蔬菜中含有较多的草酸，如菠菜、芹菜、番茄等，这些蔬菜中的草酸与其他事物的钙结合，容易形成草酸钙结石。很多女生喜欢吃素，却容易患结石病，就是这个原因。

青菜中粗纤维含量较高，大量进食后反而难以消化，而且大部分蔬菜属于碱性食品，是促使结石增多的元凶之一。

另外，生长发育时期的儿童不宜过多摄入青菜，要注意荤素搭配，促进体内钙、锌等营养元素的吸收，还有爱美的女孩子尤其要注意避免因过度食用素食导致缺铁性贫血和缺钙。

青菜中的有害物质是什么？

青菜对人体好处多，但也不能因此忽略了它本身潜在的有害物质，不吃青菜不行，吃太多了也不行，看似很复杂，其实一点都不，只需荤素搭配就可以了。只有防患于未然，才能更加健康和幸福。

青菜中含有亚硝酸盐，这是一种致命的毒素。如果人体内亚硝酸盐过量，体内正常的血红蛋白就氧化成高铁血红蛋白，此外，亚硝酸盐还可阻止氧合血红蛋白释放氧，从而引起组织机体缺氧，使人发生中毒。

不过，亚硝酸造成的中毒是可以预防的，方法其实很简单，就是要食用新鲜的青菜，煮熟的菜不宜久闷存放，还要注意根据自己的身体特点，荤素搭配着吃，这样既可以取得素食的效果，也可以避免素食对身体的损害。

小链接

动动手，吃自己种的青菜

我们天天能够吃到青菜，如果感兴趣的话，可以自己动手，亲自种一次菜。其实这也不难。

首先是选地，土壤、环境、水质、空气等条件不可忽略；

其次是选种，选种当选用当年无病、无虫、健壮青菜原种，进行提纯复壮，统一供种；

将土松好后，再洒些水，然后把种子和细土混匀后撒播于土面，稍覆土，盖住种子即可，不能太厚，可用喷雾的方式将表土喷湿以保持湿润状态。

还有一种点播的方法，不需要将种子与细土混合，直接将种子以 2~3 粒为单位，间距约 3~5 厘米点播。

一个周期，种子发芽。幼苗期需保持土壤湿润，需注意根据具体情况浇水、施肥。

青菜是越冬作物，生长期长，一般 10 月上旬为最佳播种期，菜收获最佳时期为次年 3 月中旬，老嫩适当，洗净，制成菜胚，既可防止烂脚叶，又能提高产量和质量。

师生互动

学生：老师，在食用青菜的时候，我们需要注意些什么呢？

老师：青菜的做法有很多种，但想要吃到可口的青菜，还需注意青菜的选购：新鲜、脆嫩、叶绿和无虫咬、无疤痕的就是好的，有一些青菜看起来嫩绿，其实已经被虫子咬过，这样的青菜不能吃。

有些人在做菜时习惯先切好蔬菜后再放入水中冲洗，这样其实很不科学。如果将蔬菜切了再洗，蔬菜中许多维生素都被溶解在水中了，就会造成维生素的大量流失，从而使蔬菜的营养价值降低。所以，最好的方法是先洗好再切，切好的菜直接煮，就不要再泡水啦。

诱人的猪蹄汤

◎明明最近挑食严重，为此他没少挨妈妈骂。

◎今晚晚饭是猪蹄汤，明明没吃过，很是好奇。

◎不得不说妈妈的厨艺精湛，明明对猪蹄汤赞不绝口。

◎此后几天，明明都吵着妈妈煮猪蹄汤，但是妈妈告诉明明，猪蹄汤胆固醇含量较高，不能吃太多。

猪蹄汤真好吃！

猪蹄汤胆固醇含量较高，不能吃太多。

猪蹄汤的故事

猪蹄汤，就是用猪蹄为主要材料熬制的汤。猪蹄，就是猪的四肢，也有叫猪手猪脚。

说到猪蹄，还有一个典故呢。据传，从唐朝开始，殿试及第的进士们就有个不成文的约定，如果他们中有人将来做了将相，就要请同科的

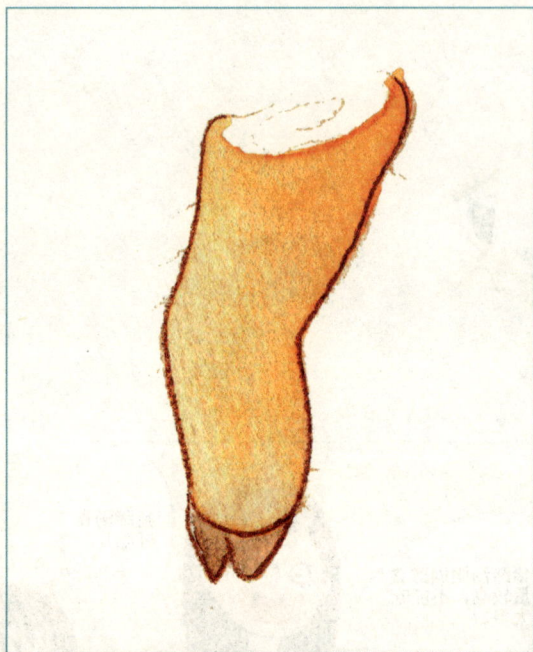

书法家用朱书（红笔）题名与雁塔。从此以后，每逢有人赶考，亲友就赠送猪蹄给他，因为"猪"和"朱"同音，"蹄"和"题"同音，这个时候猪蹄就不仅仅是猪蹄，而是对赶考人的一种祝福和希望，希望考生金榜题名，平步青云将来做宰相，就可以请同科书法家题名了。

后来，猪蹄汤成为了人们喜欢吃的家常菜。

猪蹄汤怎么做才更有营养？

猪蹄汤的做法有很多种，比较常见的是黄豆猪蹄汤，它的做法很简单，但与黄豆搭配，既美味，又营养。

猪蹄含有丰富的胶原蛋白质，青少年在成长期适合多吃，它能够促进骨骼生长，让人长得又高又壮！患有骨质疏松的中老年人也适合多吃，因为猪蹄中的胶原蛋白能够缓解骨质疏松的速度。

猪蹄中脂肪含量也比肥肉低，如果你皮肤干瘪起皱，吃了猪蹄，说不定就恢复皮肤弹性和韧性哦！猪蹄是老幼皆宜的健康食品，还是一种美容抗衰老食品。

如果你是血虚、年老体弱、腰脚软弱无力的人，那么你应该多吃一些猪蹄，它能够调理你身体的细胞元素，让你随时保持轻松、精神的状态。

黄豆也是人们喜爱的食品，在餐桌上经常见到，但你别小瞧了这黄豆，它可是有"豆中之王"的美称呢！许多营养学家都建议每天吃点黄豆或者黄豆制品，这将有利于人们的身体健康。

如果你的免疫力下降，而且非常容易疲劳，那么很有可能是体内缺少蛋白质，而大豆中的植物性蛋白能够帮你轻松解决这些问题，提高你的抵抗力和免疫力，让你更有精神！科学家研究发现，大豆中的蛋白质还可以增加大脑皮层的兴奋和抑制功能，提高你的学习和工作效率，很多人早上都会喝一杯豆浆，就是这个原因，所以，如果你妈妈每天早上

给你准备一杯豆浆，你可要感激她并且全部喝完哦！

将猪蹄和黄豆一起熬煮，就把猪蹄和黄豆中的营养成分集聚起来，就像给汽车加满油一样，就是要给身体补充足够的营养，才能跑得快，开得远！

吃猪蹄需要注意些什么？

猪蹄汤很有营养，吃了对人体有那么多好处，但也不能没有节制地吃哦。特别是晚上睡觉之前不能吃，我们都知道睡觉前吃东西对胃不好，也容易造成脂肪堆积，使得人体发胖，猪蹄也是一样的，如果你睡

觉前吃猪蹄，会增加血粘度，这样的话，你早上起床就会觉得头特别晕，午后很容易犯困，做事情精力不集中等等，影响到你白天的学习和生活。

weixianjiuzaiwomen
dezuibian

猪蹄中的胶原蛋白对人体有利，但不能完全利于吸收，一下子吃很多的话会给胃肠消化系统带来麻烦，即使要吃，也要与青菜、莲藕等配菜放在一起煮。

在配菜的选择上也是有讲究的，不是所有的菜都能够与猪蹄一起煮，就比如甘草就不适合，一起煮的话，会引起食物中毒的，不过，万一你中了这毒，可以用绿豆来治疗。

特别注意的是，猪蹄中的胆固醇含量较高，因此有胃肠消化功能减弱的老人一次不能过量食用；而患有肝胆病，动脉硬化和高血压病的人应当少吃或不吃。

小链接

美味的猪肉

吃了就睡，睡起来就吃，让你猜一种动物，这答案你肯定会脱口而出，没错，就是猪。为了让我们吃到更美味的猪肉，猪只好拼命吃啦！

猪走路的时候，主要靠前蹄带动，因此猪的前蹄发达健壮且有肌肉，如果你喜欢有嚼劲的肉，就可以点猪前蹄。但如果你喜欢肉质嫩滑，就可以品尝猪后蹄。

苏东坡发明了东坡肉，这是大家都熟悉的，但你们知道东坡肘子吗？相传四川的东坡肘子是苏轼的元配妻子王弗创造的，可见，古时候人们就喜欢吃猪肉和猪蹄了。

现在，猪蹄不是只有少部分人喜欢吃，而是大众爱吃的食品啦！全国还有专门用猪蹄做成的美食店呢，各地都有以猪脚闻名的店家，还有几大菜系里也有猪蹄哦。

比如红烧元蹄（或称红烧肘子）是京菜中的名菜之一；陕西大荔的带把肘子是秦菜中的名菜；酒香椒盐肘子是鲁菜名菜之一，红扒肘子潍坊的名菜之一；在广州，白云山的白云猪手是当地名菜之一，此外，猪手也常作为广东年菜之食材，取其"横财就手"之意，如发菜炆猪手。

台湾人认为吃猪脚能够驱除霉运，他们还有吃猪脚面祝寿的习惯。台湾最有名的是屏东县万峦乡猪脚，在万峦更有一条几乎都是卖猪脚的猪脚街，花莲县万荣乡万荣车站的"满妹猪脚"及"林田山猪脚"也相当有名。他们都是客家人经营的，所以具有了客家料理"咸、香、油"的特点。

师生互动

学生：老师，在"小链接"部分，作者提到了客家人，我想知道客家人是什么人啊？他们是一个民族吗？

老师：客家人指的是祖籍中原地区的汉族人。在历史上，这些祖籍中原的汉族人经历过五次非常大的迁徙，他们迁徙的地方主要是南方。客家民系是中华汉民族八大民系中非常重要的一个支系哦！

大陆的客家人非常多，主要分布的城市是江西、四川、福建、广东、湖北、湖南、贵州等地，如果也加上港澳台的客家人的话，大概有五千万之众。

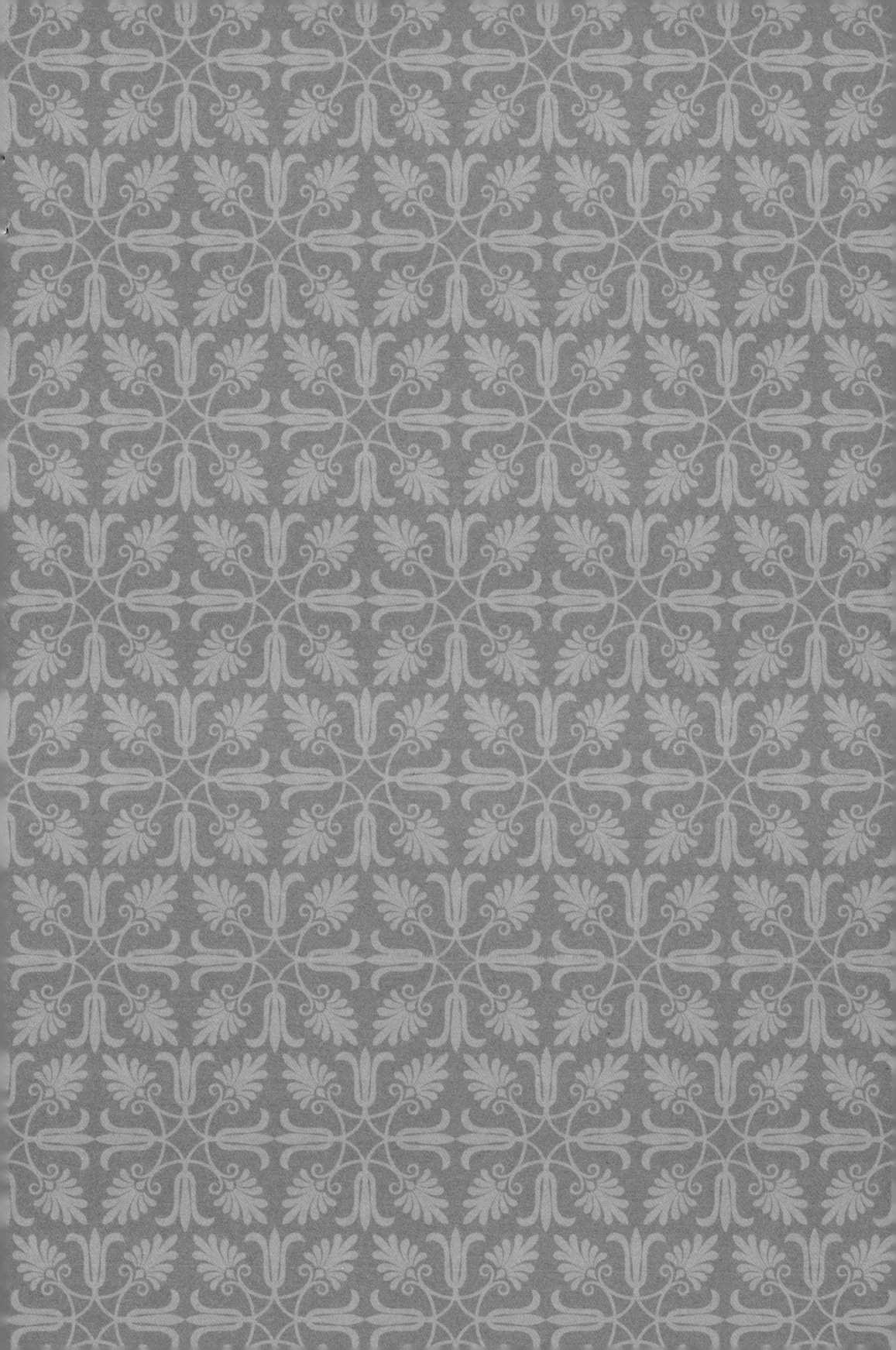

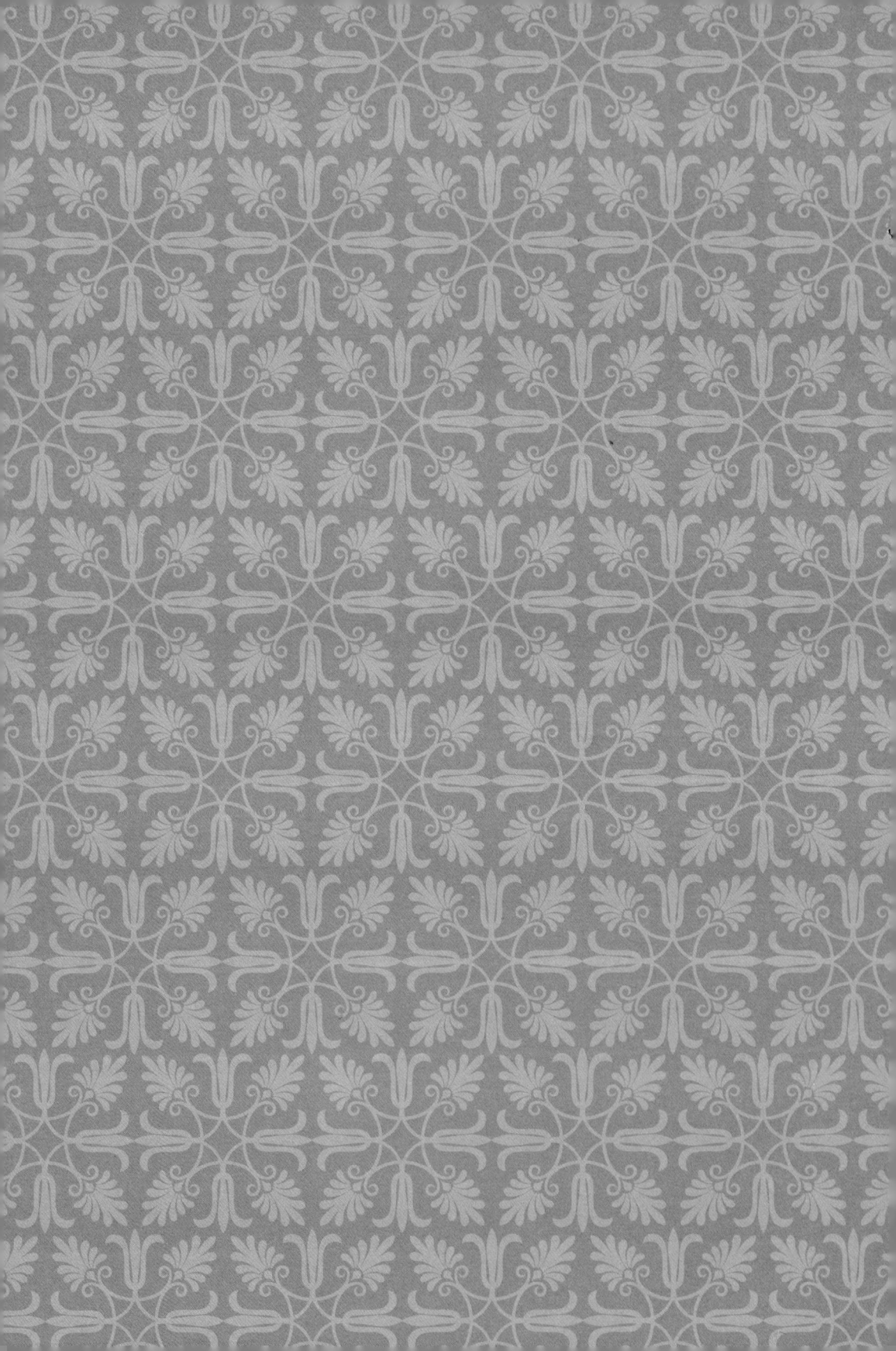